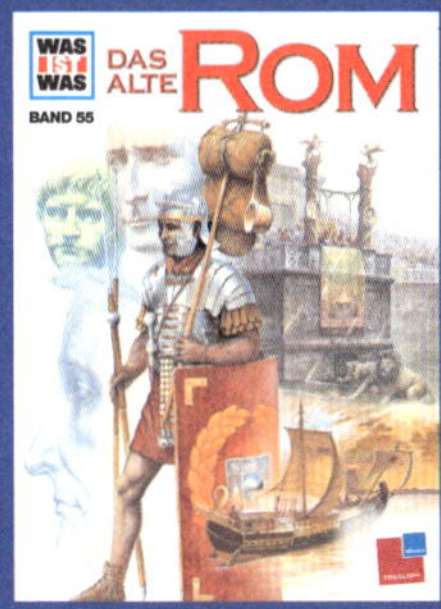

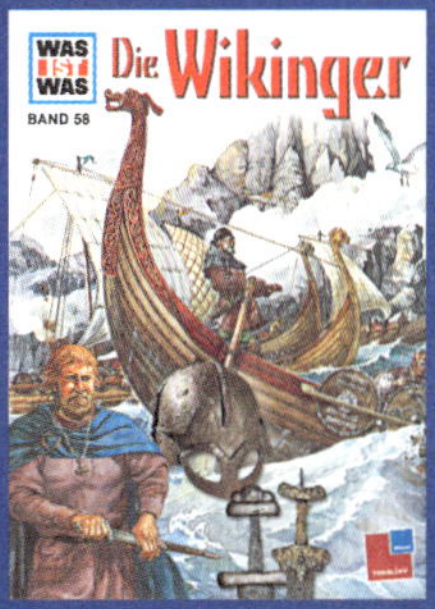

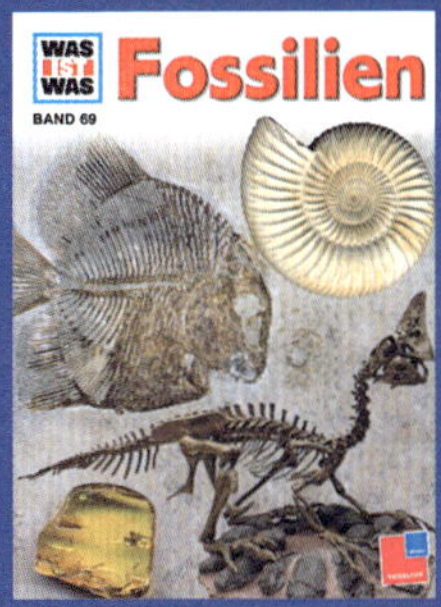

Weitere Titel siehe letzte Seite.

Ein WAS IST WAS Buch

Gebirge

Von Hanke Huber

Illustrationen von Marion Wieczorek

Blick auf die Drei Zinnen in den Dolomiten, Italien

TESSLOFF

Vorwort

Viele kennen Gebirge, bei uns vor allem die Alpen, vielleicht aus dem Urlaub – durch Wanderungen im Sommer oder Ski- und Snowboardfahren im Winter. Manche wohnen auch in der Nähe und können sogar am Wochenende in die Berge fahren. Meist stehen auch hier Freizeit und Erholung im Vordergrund. Doch die Welt der Hochgebirge hat auch ganz andere Seiten – sie kann unwirtlich, schroff und unzugänglich sein. Je höher man kommt, um so lebensfeindlicher sind die Bedingungen. Dennoch ist es nicht wenigen Pflanzen und Tieren gelungen, die Bergwelt als Lebensraum zu erobern. Auch der Mensch ist mit Nutztieren und -pflanzen bis an die Grenze des Möglichen bergauf gezogen. Immerhin leben schätzungsweise rund 700 Millionen Menschen in Gebirgen.

Dieser WAS IST WAS-Band will die Besonderheit und Vielfältigkeit der Bergwelt zeigen und Zusammenhänge erklären; wie Berge entstehen, was sie prägt und was sie verändert. Dazu gehört genauso das besondere Klima der Hochgebirge wie ihre Bewohner. Das heutige Gesicht vieler Bergregionen ist durch die Nutzung des Menschen entstanden. Neben der Landwirtschaft machen wir uns seit jeher die Rohstoffe der Gebirge zunutze, bauen Wasserkraftwerke, um Elektrizität zu gewinnen, sowie Straßen, Brücken und Tunnel, um die riesigen Naturbarrieren passierbar zu machen. Auch der Tourismus ist eine wichtige Einnahmequelle.

Doch der Lebensraum Gebirge ist auch sensibel. Veränderungen haben Folgen: Rücksichtsloser Tourismus raubt empfindlichen Tierarten ihre Rückzugsgebiete, zu starkes Abholzen der Bergwälder kann zu vermehrten Lawinen oder im Tiefland zu Überschwemmungen führen, durch das Abtauen der Gletscher schwinden Süßwasserreserven. Gerade Gebirgsregionen sind also besonders schützenswert.

Für Ralf und Mira

WAS IST WAS
BAND 119

Dieses Buch ist auf chlorfrei gebleichtem Papier gedruckt.

BILDQUELLENNACHWEIS:

FOTOS: Alpine Ascents International/M. Lepisto: S. 40/41, 41om (Carstensz); Archiv Tessloff Verlag: S. 1, 2, 5or, 9o (Hintergrund), 1oul, 11ol, 15ul (Schild), 16, 17ur, 19o, 2ou, 27ur, 32o, 37or, 4ool, 41ol (Montblanc), 42/43, 44ol, 47o, 48u; BPK, Berlin: S. 25o (Hintergrund); Corbis, Düsseldorf: S. 7ol, 8l (6), 9ul, 11or, 17ol, 18ur, 19ur, 23ur, 24or, 24ul, 25um, 28mr, 3ool, 3our, 34ul, 36m (Sherpa), 36mr, 38ol, 39or, 45m (2), 45ur, 46o, 46ul, 46um, 47mr; Gesellschaft f. ökol. Forschung, München: S. 14ur (Wolfgang Zängl); Huber Hanke, Unterhaching: S. 9or, 21ol, 24ol, 33ur; Kastowski Ewald, Braunschweig: 37ol (2); Mountain Wilderness, Inning, www.mountainwilderness.de: S. 46/47u; Picture-Alliance; Frankfurt: S. 6or, 8or, 9um, 9ur, 10/11o, 1our, 12o, 13o, 13u (3), 15ol, 15ur, 17r, 25ul, 25ur, 27ol, 27ul, 28ul, 28or, 29o (2), 29u (3), 31 (4), 33ml, 34or, 35or, 36ol, 36um, 38m (2), 39um, 4om, 4our, 41ol (Elbrus), 41r (4), 43m, 44or, 44ul, 45o, 48 (2); Sammlung Gesellschaft f. ökol. Forschung, München: S. 14ul; Wildlife, Hamburg: S. 14o, 47ur;

UMSCHLAGFOTOS: Archiv Tessloff Verlag (Schneeziege, Hintergrund); Picture-Alliance, Frankfurt (Skifahrer); Corbis, Düsseldorf (Bergsteiger)

ILLUSTRATIONEN: Marion Wieczorek, Hagen-Hohenlimburg; Frank Kliemt, Hamburg: S. 32 (Ötzi)

GESTALTUNG: Johannes Blendinger, Nürnberg

www.tessloff.com • www.wasistwas.de

ISBN-10: 3-7886-1506-0
ISBN-13: 978-3-7886-1506-2

Inhalt

Entstehung und Verbreitung

Wie entstehen Gebirge?

Gebirge entstehen, wenn riesige Gesteinsplatten aufeinander prallen. Um das zu verstehen, muss man sich den Aufbau der Erde genauer anschauen. Die Erde besteht aus einem Kern, der von mehreren Schichten umgeben ist. Die äußerste feste Schicht wird Lithosphäre genannt – die griechische Vorsilbe „litho“ bedeutet Stein.

Diese äußerste Erdschicht besteht aus mehreren Platten, in die die Kontinente eingebettet sind. Die Platten selbst sind oft wesentlich größer als die Kontinente und liegen zum Großteil auch unter Wasser. Sie sind nicht fest verankert, sondern driften. Das liegt daran, dass sie auf einer Schicht des Erdmantels schwimmen, die aus teilweise geschmolzenem, extrem zähflüssigem Material besteht, der Asthenosphäre. Die Platten können auseinander, aneinander vorbei oder aufeinander zu driften. Dabei legen sie jedoch nur wenige Zentimeter pro Jahr zurück – ähnlich schnell wie wachsende Fingernägel.

Platten können sich voneinander entfernen. Kommen sie dagegen miteinander in Berührung, entwickeln sich enorme Kräfte und es können Gebirge entstehen. Im Extremfall stoßen zwei Platten direkt zusammen. Handelt es sich dabei um eine ozeanische Platte, die gegen einen Kontinent stößt, taucht die ozeanische Platte ab und schmilzt. Dabei kommt es zu vulkanischer Aktivität. Außerdem ist Ge-

Plattentektonik

Die Theorie der Plattentektonik, also die Idee, dass sich Kontinente auf einer Art Platte über die Erdoberfläche bewegen, ist noch gar nicht so alt. Noch bis zur Mitte des 20. Jahrhunderts hatten Wissenschaftler ganz andere Vorstellungen davon, wie Gebirge entstehen. Doch jede dieser Theorien hatte ihre Schwächen. Erst Alfred Wegener kam auf die Idee, dass sich Kontinente bewegen könnten. Daraus entstand später die Theorie vom Driften und Zusammenstoßen riesiger Platten, mit der zum ersten Mal Lage und Formen verschiedenster Gebirge weltweit erklärbar waren.

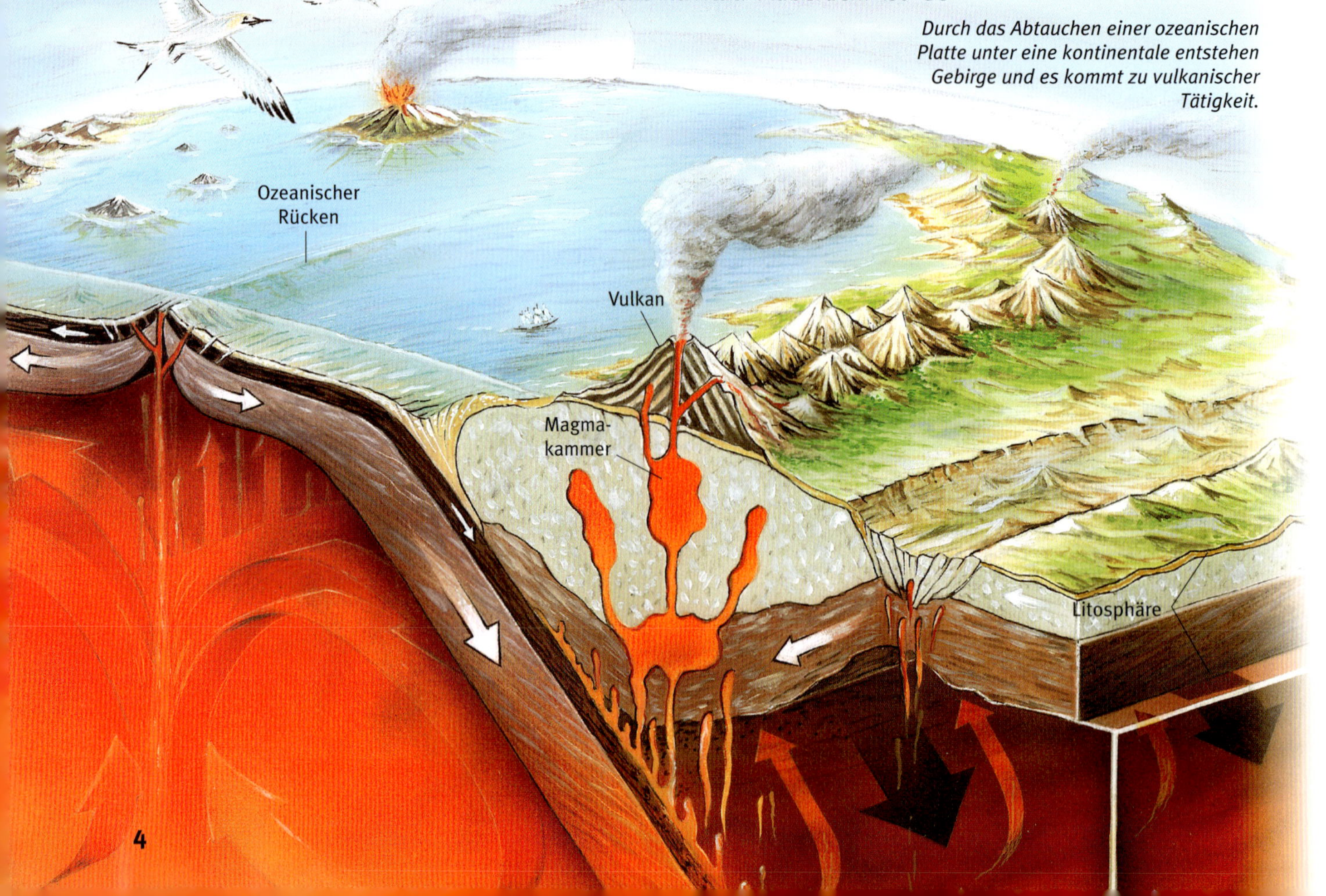

Durch das Abtauchen einer ozeanischen Platte unter eine kontinentale entstehen Gebirge und es kommt zu vulkanischer Tätigkeit.

Die Olympic Mountains im Nordwesten der USA sind durch Kollision einer ozeanischen mit einer kontinentalen Platte entstanden.

Geologische Fenster

Liegen dicke Gesteinsdecken übereinander, kann man normalerweise die unteren Schichten nicht sehen. In manchen Gebieten durchbrechen aber die tiefer gelegenen Schichten die über ihnen liegenden und kommen an die Oberfläche. Solche Regionen werden geologische oder auch tektonische Fenster genannt. Beispiele hierfür sind das Unterengadiner-Fenster in den Schweizer Alpen oder das Tauern-Fenster in Österreich.

Die Lithosphäre ist in große und kleine Platten aufgeteilt, die sich in unterschiedlicher Richtung bewegen.

birgsbildung immer auch mit Erdbeben verbunden. Die Landmasse wird gestaucht, und zwar nach oben wie nach unten. So sind zum Beispiel die Anden in Südamerika entstanden.

Manchmal stoßen auch zwei Kontinente direkt aufeinander. Sie werden durch den enormen Druck miteinander verschweißt und an dieser Nahtstelle entstehen Gebirge. Durch die Kollision von Indien mit Tibet entstand zum Beispiel der Himalaja. Die Entstehung der Alpen ist zwar insgesamt viel komplizierter, aber auch hier führte letztlich das Aufeinanderprallen von Platten zur Entstehung der Berge.

Was passiert, wenn Gesteinsschichten zusammengedrückt werden?

Bei der Entstehung von Gebirgen wirken enorme Kräfte auf das Gestein. Durch das Zusammenpressen können Falten entstehen, ähnlich, wie wenn man etwa ein Stück Stoff von zwei Seiten zusammenschiebt. Die Kruste wird dadurch dicker und kürzer. Die Falten können aufrecht stehen, aber auch schief gekippt sein oder sogar überkippen. Bei einer übergekippten Falte ändert sich im Querschnitt betrachtet die Reihenfolge der Gesteinsschichten.

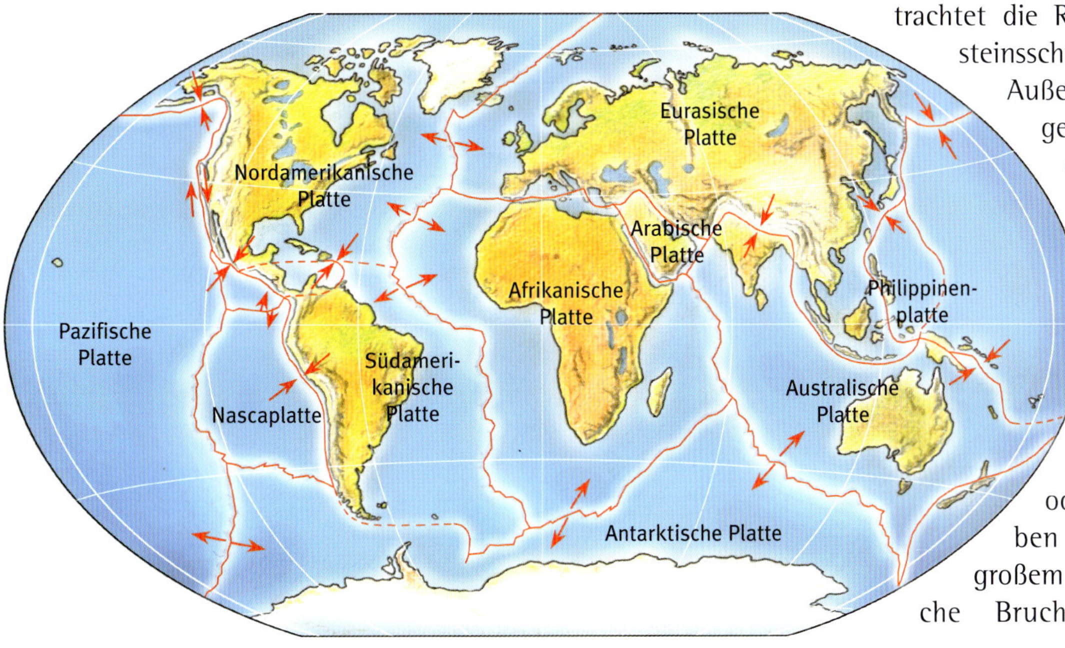

Außerdem kann es zu so genannten Störungen oder Verwerfungen kommen. Damit bezeichnen Geologen Vorgänge, bei denen Schichten zerbrechen und ganze Bruchstücke nach oben, unten oder seitlich verschoben werden. Bei sehr großem Druck werden solche Bruchstücke oft auch

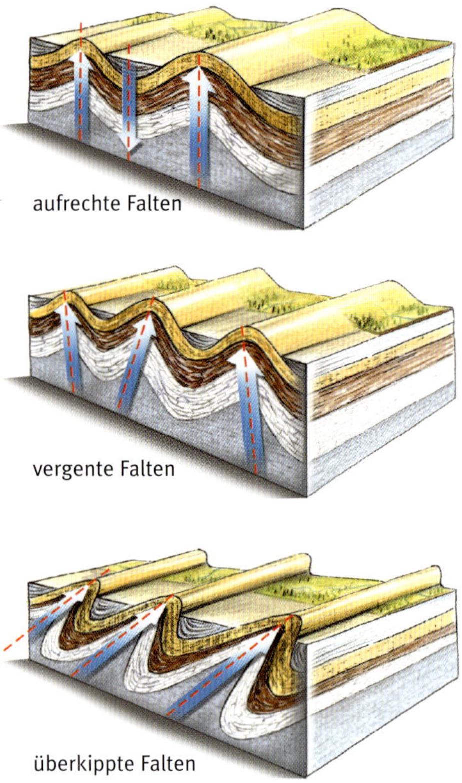

Wenn Gesteinsschichten zusammengedrückt werden, kann es zu verschiedenen Faltungen (oben) und Verwerfungen (unten) kommen.

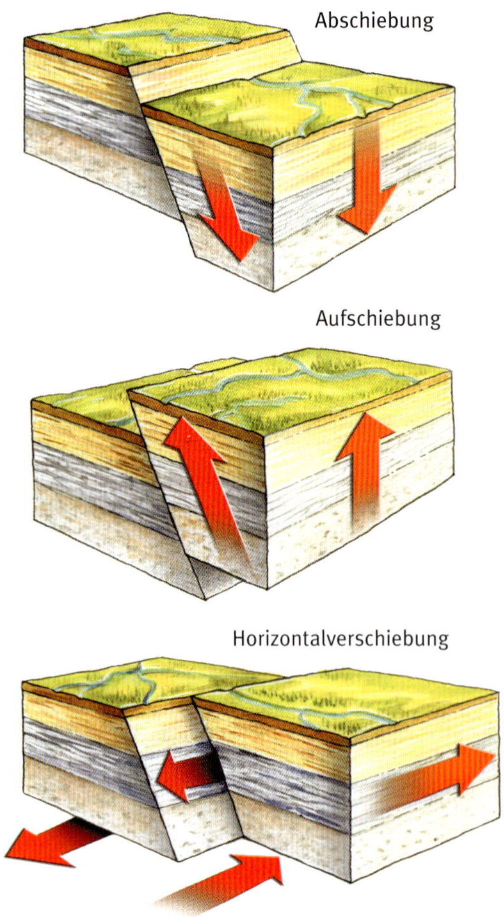

Karge Berghänge der Pyrenäen. Dieses Faltengebirge zwischen Spanien und Frankreich ist ungefähr zur selben Zeit entstanden wie die Alpen.

übereinander geschoben und die verschiedenen Schichten deckenartig aufeinander gestapelt.

Wie sich das Gestein verhält, also ob es zerbricht oder gefaltet wird, hängt letztlich davon ab, aus welchem Material es besteht: Manche Gesteine lassen sich eher verformen, andere brechen leicht. Außerdem ändern sich die Eigenschaften von Steinen mit dem Umgebungsdruck und der Temperatur. Beides nimmt in Richtung Erdinneres zu. So kann manchmal sogar hartes, sprödes Felsmaterial, das an der Erdoberfläche unter großem Druck zerbersten würde, in größeren Tiefen wie warmes Wachs verformt werden.

Gibt es unter dem Wasser auch Gebirge?

Kaum zu glauben, aber auch unter der Meeresoberfläche türmen sich zum Teil gewaltige Gebirge auf. Sie kommen in allen Meeren der Erde vor und können die an Land sogar noch an Länge und Höhe übertreffen. Der Mittelatlantische Rücken zum Beispiel erstreckt sich über rund 16 000 Kilo-

GEBIRGE SIND Erhebungen der Erdkruste, die über die ganze Erde verteilt von den Tropen bis in die Polarregionen vorkommen. Einzelne Berge sind dabei oft zu mächtigen Gebirgszügen, wie den über 7000 Kilometer langen Anden, zusammengeschlossen. Gebirge machen etwa ein Viertel der weltweiten Landfläche aus. Von der geographischen Lage abgesehen wirkt sich vor allem die Höhe auf den Lebensraum aus. So überschreiten rund zehn Prozent des Festlandes eine Höhe von 2 000 Metern über dem Meer. Imposant sind Gebirge vor allem durch die Höhenunterschiede, die zwischen Gebirgsmassiv und Vorland oder Bergen und Tälern zum Teil gewaltige Ausmaße erreichen können.

meter. Damit ist er etwa doppelt so lang wie die Anden. Er beginnt nördlich von Island und durchzieht den gesamten Atlantischen Ozean bis hin zur Bouvet-Insel in der Nähe der Antarktis. Weitere unterseeische Gebirgszüge sind der Atlantisch-Indische Rücken, der Ostpazifische Rücken, der Zentralindische Rücken und viele mehr.

Die Insel Surtsey vor Island ist 1963 durch einen Vulkanausbruch entstanden.

Vom Meeresboden aus gesehen, erreichen die Unterwasser-Gebirge Höhen von 1000 bis 3000 Metern. Der Tiefseeboden liegt zum Großteil in Tiefen von 4000 bis 6000 Metern. Manche Gipfel sind sogar so hoch, dass sie die Meeresoberfläche durchbrechen und Inseln bilden. Wer zum Beispiel Hawaii betritt, steht im Prinzip auf dem obersten Abschnitt der Hawaii-Kette und Island ist so betrachtet ein Teil des Mittelatlantischen Rückens. Wird vom Meeresboden an gemessen, ist der Mauna Kea auf Hawaii mit rund 10 000 Metern sogar der höchste Berg der Erde.

Woraus bestehen Berge?

Gebirge werden aus Gesteinen gebildet, die ihrerseits aus verschiedenen Mineralen bestehen. Nach ihrer Entstehung werden Gesteine in drei große Gruppen eingeteilt: Erstarrungsgesteine, auch Magmatite genannt, Sedimentgesteine und metamorphe Gesteine.

Die Erstarrungsgesteine entstehen dadurch, dass glühend heiße, flüssige Magma aus dem Erdinneren aufsteigt und beim Abkühlen erstarrt. Dringt die magmatische Masse bis an die Erdoberfläche vor, wie es zum Beispiel bei einem Vulkanausbruch geschieht, entstehen Vulkanite oder Ergussgesteine. Zu ihnen gehört unter anderem der

Verschiedene Gebirgszüge der Welt

1) Alaskakette
2) Rocky Mountains
3) Appalachen
4) Anden
5) Atlas
6) Drakensberge
7) Ostafrikanisches Seenhochland
8) Hochland von Äthiopien
9) Taurus
10) Pyrenäen
11) Alpen
12) Karpaten
13) Kaukasus
14) Ural
15) Hochland von Iran
16) Hindukusch
17) Altaj
18) Tienschan
19) Himalaja
20) Jablonovyi
21) Aldanskoe nagore
22) Verhojanskij
23) Maokegebirge
24) Great Dividing Range
25) Southern Alps
26) Gebirgszug mit Mount Vinson

Sandstein

Basalt

Kalkstein

Quarzit

Marmor

Basalt. Plutonite oder Tiefengesteine werden dagegen gebildet, wenn Magma unter der Erdoberfläche erkaltet. Das häufigste Tiefengestein ist der Granit.

Ganz anders entstehen Sedimentgesteine. Sie werden gebildet, wenn sich Stoffe ablagern und verfestigen. Häufig stammt das Ausgangsmaterial von verwitterten älteren Gesteinen ab. Das zerkleinerte Material wird dann zunächst von Wind, Wasser oder Eis über mehr oder weniger lange Entfernungen transportiert und lagert sich irgendwann als Lockergestein ab. Es sedimentiert. Je nach Größe kann es sich dabei um grobes Geröll, kleinere Sandkörner oder ganz feinen Ton handeln.

Mit der Zeit verfestigt sich das Lockergestein – alte Schichten werden zusammengedrückt und Poren gefüllt. Einige Stoffe lösen sich, andere kristallisieren aus. So wird lockerer Sand zu Sandstein, Geröll zum Konglomerat oder Ton zu Tonstein. Das Ausgangsmaterial vieler Kalkgesteine sind wiederum die kalkhaltigen Schalen oder Skelette von Meerestieren wie Muscheln und Meeresschnecken oder Korallen sowie Überreste von einzelligen Organismen, die sich auf dem Meeresgrund ablagern.

Aus allen Gesteinen können wiederum metamorphe Gesteine entstehen. So eine Metamorphose oder Verwandlung geschieht zum Beispiel bei der Bildung von Gebirgen unter extrem hohem Druck, bei hohen Temperaturen oder beidem. Auf diesem Weg wird Kalk zu Marmor und Sandstein zu Quarzit.

Granit

RUTSCHENDE BERGE

Manchmal kommt es bei starken Regenfällen dazu, dass der Boden eines Berghangs abrutscht. Solche Erdrutsche passieren vor allem an steilen, nur spärlich bewachsenen Hängen. Ein anderes Phänomen sind Bergstürze, bei denen Felsen und Geröll bergab stürzen. Der Rückzug der Gletscher begünstigt solche Bergstürze: Das Gletschereis stabilisiert und stützt die Hänge; taut es weg, verschwindet das haltende Gerüst, Fels und Steine rutschen bergab. Stürzen Felsblöcke, Geröll und Erde zusammen mit Wassermassen nach starken Niederschlägen oder durch die Schneeschmelze bedingt ins Tal, spricht man auch von Muren.

Verschwinden Berge auch wieder?

WASSER IST eine der wichtigsten Erosionskräfte. Schon bei einem starken Regenguss können ganze Erdpartien weggespült werden. Flüsse schneiden ihrem Bett folgend tiefe Schluchten in das Gestein. Sie höhlen den Fels aus, wodurch mit der Zeit die für Gebirge charakteristischen v-förmigen Kerbtäler entstehen. Bei den schmalen Einschnitten eines Canyons oder einer Klamm stehen die Wände sogar fast senkrecht.

Der Zahn der Zeit nagt auch an Gebirgen. Über viele Millionen Jahre sind sie Sonne, Wind und Wasser ausgesetzt, was nicht spurlos an ihnen vorübergeht. Das Gestein wird ausgehöhlt, ausgewaschen und auseinander gesprengt – es verwittert. Verwitterung kann chemisch vonstatten gehen, beispielsweise, wenn sich durch Wasser Kalziumkarbonat aus Kalkstein löst. Bei der mechanischen Verwitterung wirken physikalische Kräfte auf das Gestein ein. Das passiert zum Beispiel, wenn Wasser in Felsspalten gefriert und sich dabei ausdehnt. Der Druck, der durch die Ausdehnung entstehen kann, ist extrem stark und sprengt Gesteinsstücke aus Felsen heraus. Dieser Vorgang wird auch Frostsprengung genannt. Ein für Wüsten typischer Wechsel von extremer Hitze und großer Kälte bewirkt dagegen, dass Gesteinsschichten schalenförmig abplatzen. Auch Pflanzen tragen mit ihren Wurzeln dazu bei, dass Felsen verwittern. Ist das Gestein erst einmal zerkleinert, wird es abgetragen. Dieser Vorgang wird als Erosion bezeichnet.

In der Höllentalklamm werden die starken Erosionskräfte des Wassers deutlich.

KALKVERWITTERUNG

Karrenfeld

Auf der Oberfläche der Gesteine werden durch den Regen mit der Zeit Rinnen oder sogar tiefe Spalten ausgespült, die Karren oder Schratten. Charakteristisch für Kalkstein sind ganze Karrenfelder.

Stalaktiten und Stalagmiten

Das Wasser wirkt aber auch unterirdisch, wenn es in Klüften versickert. So entstanden in Gebieten mit Kalkstein zum Teil riesige Höhlensysteme. Dort, wo Kalk wieder ausfällt, können sich mit der Zeit bizarre Gebilde wie die Stalaktiten oder Stalagmiten in Tropfsteinhöhlen bilden.

Doline

Charakteristisch für Karstgebiete sind die so genannten Dolinen. Das sind trichter- oder kesselförmige Vertiefungen im Boden. Auch sie entstehen durch Lösungsprozesse. Besonders auffallend sind die geraden Wände bei Einsturzdolinen, die beim Einsturz von Höhlen entstehen.

Feuer und Eis

Warum spucken manche Berge Feuer?

Meistens wirken Vulkane wie ganz normale Berge. Der Unterschied zeigt sich dann, wenn sie aktiv werden, ausbrechen und Feuer spucken – wobei der Begriff Feuer nicht ganz richtig ist. Bei einem Vulkanausbruch tritt nämlich kein Feuer aus, wie man es von einem Kaminfeuer her kennt, sondern Magma – eine glühend heiße, zähflüssige Gesteinsmasse aus dem Inneren der Erde.

Magma entsteht im unteren Bereich der Erdkruste und im oberen Erdmantel bei Temperaturen von 650 bis weit über 1 000 °C. Es steigt auf, zum Beispiel durch Risse in der Erdkruste, und sammelt sich in der Magmakammer eines Vulkans. Bricht der Vulkan aus, gelangt das Magma über einen Förderschlot zur Oberfläche, wo es durch eine Öffnung – im einfachen Fall dem Zentralkrater – ausgeworfen wird. Viele Vulkane weichen allerdings von diesem einfachen Aufbau ab. Sie besitzen zahlreiche Schlote, an deren Ende sich Nebenkrater oder Spalten befinden, durch die das Magma austreten kann.

Besonders spektakulär sind Ausbrüche, bei denen die glühende Gesteinsmasse zusammen mit Gesteinsasche und Wasserdampf explosionsartig aus dem Krater herausgeschleudert wird. Oft quillt sie aber auch lediglich aus einer Öffnung und ergießt sich mehr oder weniger schnell den Hang hinab. Sobald Magma an die Erdoberfläche gelangt, wird es Lava genannt. Die Lava wiederum kühlt ab und erstarrt zu Stein.

Die meisten bekannten Vulkanberge zählen zur Gruppe der Stratovulkane. Die Hänge dieser Berge sind kegelförmig. Bei einem Ausbruch werfen sie neben Lava auch vulkanisches Lockermaterial wie Asche und schon verfestigte Gesteinsbrocken aus. Andere Vulkane fördern nur dünnflüssige Lava, die sich flach ausbreitet und so genannte Schildvulkane bildet. An ihrem Fuß sind diese Schildvulkane sehr

Aschewolke über dem Ätna am 1.8.2001

Bei dem gewaltigen Vulkanausbruch 1980 wurde dem Mount St. Helens die Bergspitze weggerissen.

Der japanische Vulkan Fudschijama ist 3 776 Meter hoch.

breit. Der Mauna Loa auf Hawaii zum Beispiel hat am Meeresboden einen Durchmesser von über 200 Kilometern.

Wo gibt es Vulkane?

Beim Blick auf eine Weltkarte kann man sehen, dass die meisten Vulkane nicht wahllos über die Erde verteilt sind. Wie auf einer Perlenkette aufgereiht, liegen sie vor allem dort, wo die Platten der Erdkruste aneinander grenzen. Eine solche Kette liegt an den Rändern des Pazifischen Ozeans und heißt deshalb auch Zirkumpazifischer Feuerring.

Die Lage der Vulkane lässt sich zum Großteil mit den Plattenbewegungen erklären. Taucht eine ozeanische Platte unter einer kontinentalen ab, entstehen auf dem Kontinent vulkanische Gebirge. Ein typisches Beispiel hierfür sind die zahlreichen Vulkane in den Kordilleren an der Westküste Südamerikas.

Auch wenn zwei ozeanische Platten miteinander kollidieren, entstehen Vulkane. Sie bilden Inseln, die sich zu kleinen Inselgruppen, den Inselbögen, zusammenschließen. Solche vulkanischen Inselketten sind beispielsweise die Alëuten, die hoch im Norden zwischen Alaska und Sibirien liegen oder die Marianen, die sich im Pazifik schon fast auf Höhe des Äquators befinden. Auch Japan und die Philippinen zählen hierzu. Wo Platten auseinander driften, entstehen ebenfalls Vulkane – vorzugsweise unter Wasser auf dem Grat der Mittelozeanischen Rücken.

Der Geysir Old Faithful im Yellowstone-Nationalpark; der Hot Spot unter dem Park ist für die Tätigkeit der Geysire verantwortlich.

Hot Spots

Auch bei den Hot Spots handelt es sich um Stellen, an denen Magma aus dem Erdinneren aufsteigen kann. Die Vulkane, die dadurch entstehen, treten allerdings unabhängig von Plattengrenzen auf und bleiben, unbeeinflusst von Plattenbewegungen, immer an der gleichen Stelle. Wenn die Platten also driften, bewegen sie sich über diese Hot Spots hinweg. Dadurch entsteht mit der Zeit eine Kette erloschener Vulkane – nur der jüngste, der sich gerade über dem Hot Spot befindet, ist aktiv. Dieses Phänomen zeigt sich auf der Hawaii-Kette oder auch im Yellowstone-Nationalpark.

Der aktive Vulkan Kilauea auf Hawaii bei einem Ausbruch

Schema eines Stratovulkans

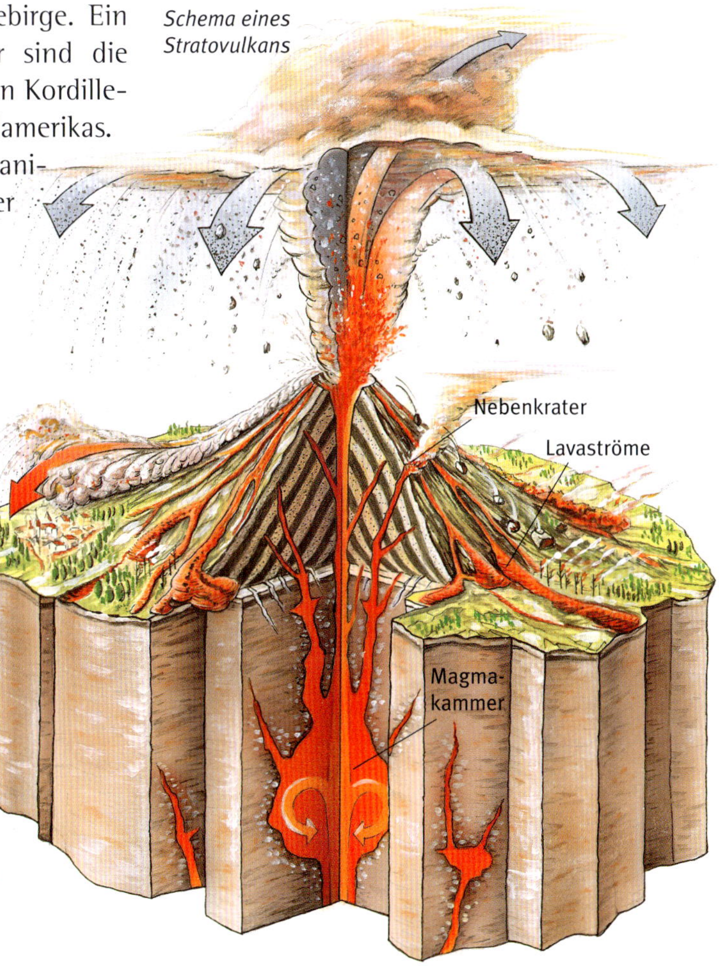

Was ist ein Gebirgsgletscher?

Damit Gletscher entstehen können, muss es ganzjährig sehr kalt sein. Im Gebirge treten sie deshalb erst ab einer gewissen Höhe auf. Außerdem kann sich erst dann ein Gletscher bilden, wenn genügend Schnee fällt, denn die Eismassen eines Gletschers entstehen aus Schnee. Je mehr es schneit, umso dicker wird die Schneedecke und umso stärker werden tiefer liegende Schneeschichten zusammengedrückt. Sie werden dichter und kompakter – es entsteht Firn. Verdichten sich diese Firndecken noch weiter, bildet sich mit der Zeit festes Gletschereis.

Das Gletschereis bewegt sich der Schwerkraft folgend bergab, es fließt oder gleitet. Dabei transportieren Gletscher Unmengen an Gesteinsschutt verschiedenster Größe, der aus dem Untergrund herausgelöst wird. Am Ende und seitlich des Gletschers wird das mitgeführte Material wieder abgelagert und bildet so die End- und Seitenmoränen. Sie sind nach Ab-

Der größte Gletscher Österreichs – die Pasterze am Großglockner

U-Täler

Gefrorenes Wasser prägt als Gletscher die Gebirge. Da das Eis der Gletscher langsam abwärts fließt beziehungsweise gleitet, schürft es an den Felsen entlang, löst Brocken heraus und nimmt sie mit. Auf dem Weg ins Tal transportieren Gletscher so riesige Gesteinsmengen – von kleinsten Steinchen bis hin zu ganzen Felsblöcken. Dort, wo früher einmal Gletscher gewesen sind, kann man heute die durch Eis geformten, trogförmigen U-Täler erkennen.

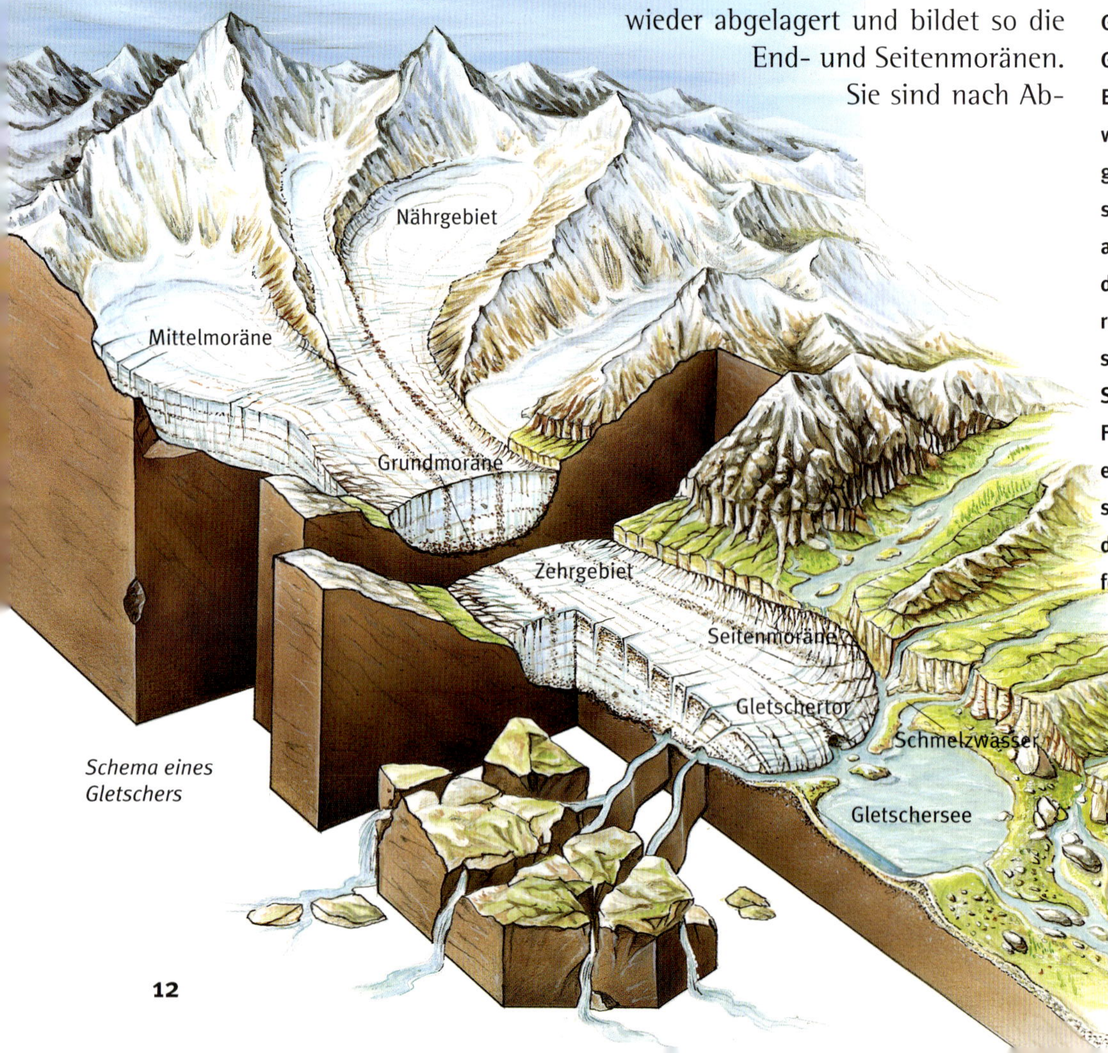

Schema eines Gletschers

Gletscherspalten

Eis, das sieht man auch an zugefrorenen Seen oder Pfützen, ist zerbrechlich. Unter bestimmten Voraussetzungen kann es aber auch formbar sein, nämlich dann, wenn es unter sehr hohem Druck steht. Solche Bedingungen herrschen ganz unten in einem Gletscher; deshalb kann ein Gletscher, wenn auch nur im Zeitlupentempo, fließen. Dabei sind die Geschwindigkeiten an verschiedenen Stellen ungleich, was dem unteren, formbaren Teil des Gletschers nicht viel ausmacht. Näher an der Oberfläche ist das Eis aber fest und spröde und kann sich den unterschiedlichen Geschwindigkeiten ebenso wenig anpassen wie Talkurven oder einem unebenen Untergrund. Sind die Kräfte, die an dem Eis ziehen und zerren, zu groß, zerbricht es, und Gletscherspalten entstehen. Je nach Lage werden die Risse Quer-, Längs- oder Randspalten genannt, wobei Längsspalten eher selten sind. Gletscherspalten sind deshalb so gefährlich, weil sie nicht immer an derselben Stelle bleiben; sie sind zum Teil sehr tief und können von Schnee und Eis überdeckt sein.

tauen eines Gletschers als Wall erkennbar. Gestein, das am Grund des Gletschers liegen bleibt, bildet die Grundmoräne.

Der obere Bereich eines Gebirgsgletschers, in dem das Eis gebildet wird, heißt Nährgebiet. Es liegt meist in einer Mulde, dem so genannten Kar. Im unteren Gletscherbereich, im Zehrgebiet, taut das Eis wieder weg. Es wird zu eiskaltem, milchig hellblauem Schmelzwasser, das manchmal aus einem Gletschertor herausströmt und dem Gefälle in Richtung Tal folgt. Auch das Wasser führt Gesteinsmaterial mit sich. Wo es abgelagert wird, noch hinter der Endmoräne, entstehen ausgedehnte Sand- und Schotterebenen, die Sanderflächen genannt werden.

Fließt das Eis in ein Tal hinab und bildet dort eine Gletscherzunge aus, heißt der Gletscher Talgletscher. Ohne eine solche Gletscherzunge wird er Kargletscher genannt.

Wo gibt es ewiges Eis?

Ungefähr zehn Prozent des Festlandes liegen unter einer ständigen Eisdecke, wobei in erster Linie polare und subpolare Regionen von Eis bedeckt sind. Aber auch in großer Höhe, auf den Berggipfeln, trifft man Gletscher an. Die Höhe, ab der es ganzjährig Eis und Schnee gibt, wird als klimatische Schneegrenze oder Null-Grad-Grenze bezeichnet. Sie schwankt mit dem Klima einer Region.

Je dichter ein Gebirge am Äquator liegt, umso höher muss man

In den Alpen gibt es zahlreiche Gletscher, etwa (von links nach rechts) am Großglockner, am Ortler oder an der Zugspitze.

steigen, um auf Schnee zu treffen. Am Kilimandscharo befindet sich die Schneegrenze in etwa 5500 Metern Höhe, in den Anden und im Himalaja ist sie schon deutlich niedriger, und in den Alpen liegt sie bei ungefähr 2800 Metern. Kommt man in Polarregionen, muss man gar nicht erst einen Berg besteigen, um auf einem Gletscher zu stehen. Die Schneegrenze liegt bei null Metern.

Leben im Eis

Selbst in den eisigen Regionen der Gletscher gibt es Leben. Ritzen und kleinste Spalten im Inneren der Eismassen sind das Zuhause der Gletscherflöhe. Diese etwas über einen Millimeter großen Tiere gehören zu den Springschwänzen, einer Gruppe urtümlicher Insekten. Ihre Nahrung sind winzigste Partikel, die mit der Luft auf den Gletscher gelangen, zum Beispiel Pollenstaub von Nadelbäumen. Am behaglichsten sind für Gletscherflöhe Temperaturen um null Grad Celsius. Sie können aber auch weitaus tiefere Temperaturen unbeschadet überstehen. Auf der Flucht vor Schmelzwasser kommen sie an warmen Tagen zuhauf an die Oberfläche, wo sie sich als kleine bläulich-schwarze Punkte von den weißen Schneefeldern abheben. Auch einige Algen leben im ewigen Schnee: die Schneealgen. Manche von ihnen besitzen Farbstoffe und färben den Schnee rot.

Der Gletscher-Hahnenfuß kann sich auch bei tiefen Temperaturen behaupten.

Wird es in 100 Jahren noch Gletscher in den Alpen geben?

Über 4000 Gletscher gibt es zurzeit in den Alpen. Noch, müsste man sagen, denn fast alle sind mittlerweile mehr oder weniger vom Gletscherschwund betroffen. Schuld daran ist eine Veränderung des weltweiten Klimas. Die durchschnittlichen Temperaturen im Jahr stiegen in den letzten Jahrzehnten leicht an und werden es wohl auch weiterhin tun. Zusammen mit intensiver Sonnenstrahlung und starken Regenfällen führt dies gerade im Sommer zum verstärkten Abtauen des Eises. Gleichzeitig sind die Niederschläge in Form von Schnee geringer, sodass weniger Eis nachgebildet wird. Insgesamt bedeutet das, dass mehr Eis wegschmilzt als neues gebildet wird, die Gesamtmenge also abnimmt.

Derzeit sind die Gletscher sichtbar am Schwinden. In den letzten 150 Jahren schrumpften sie um mehr als die Hälfte ihres Volumens. Wie genau die Zukunft der Gletscher aussehen wird, ist nicht mit absoluter Sicherheit zu sagen. Viele Gletscherforscher gehen aber davon aus, dass in der zweiten Hälfte dieses Jahrhunderts drei von vier Al-

Eiszeiten

Ein Blick in die Erdgeschichte zeigt, dass es auch Zeiten gab, in denen Gletscher neu entstanden und sich weithin ausdehnten. In den Eiszeiten – die letzte große Eiszeit endete vor rund 10 000 Jahren – wurde das Klima deutlich kühler. Viel Eis entstand und vergleichsweise wenig taute wieder weg – die Gletscher stießen vor. Als das Eis seine weiteste Verbreitung hatte, waren sogar große Teile des Alpenvorlands und Norddeutschlands von Gletschern bedeckt. Oft kann man noch Spuren von ihnen finden. Seit der letzten kühleren Periode (bekannt als „Kleine Eiszeit"), die bis etwa 1850 andauerte, ziehen sich die Gletscher stetig zurück.

Hier sieht man deutlich den dramatischen Rückgang des Pasterzengletschers am Großglockner in den letzten 100 Jahren; links im Jahr 1900, rechts 2000.

Lawinenschutz in den Dolomiten: Berg mit einer Lawinenverbauung

Lawinenschutz

Lawinen können große Schäden anrichten und sogar Menschenleben fordern. Der beste Schutz vor solchen Katastrophen ist ein intakter Bergwald, weshalb die Aufforstung und Pflege von Bannwäldern eine der zentralen Schutzmaßnahmen ist. Vielerorts halten zudem künstliche Verbauungen wie Schutzzäune Lawinen ab oder Ablenkwerke verändern deren Kurs. Auch durch das künstliche Auslösen von Lawinen durch Sprengungen versucht man, die Schneemassen zu kontrollieren. Einen 100-prozentigen Schutz gibt es aber nicht, deshalb kommt es immer wieder zu Katastrophen oder Fast-Katastrophen.

pengletschern nicht mehr existieren werden. Die beiden einzigen Gletscher Deutschlands – der Schneeferner auf der Zugspitze und der Blaueisgletscher im Hochkaltermassiv – werden diese Zeit mit größter Wahrscheinlichkeit nicht überstehen.

Wie entstehen Lawinen?

Lawinen sind eine der größten Gefahren im Gebirge. Es gibt unterschiedliche Lawinentypen: Bei einer Schneebrettlawine etwa reißt der Schnee an einer Linie ab und stürzt in Schollen bergab. Lockerschneelawinen beginnen punktförmig und reißen benachbarte Schneeteilchen mit, sodass sie sich auf ihrem Weg hangabwärts immer weiter ausbreiten. Im Falle einer Oberlawine gleiten die oberen Schneeschichten auf den unteren, bei der Bodenlawine reißt es die gesamte Schneedecke talabwärts.

Verschiedene Faktoren führen zur Entstehung von Lawinen. Entscheidend ist neben der Schneemenge etwa die Hangneigung: Auf einem flachen Hügel wird der Schnee nicht abrutschen, an einer steilen Wand bleibt er gar nicht erst liegen. Gefährlich kann es dagegen bei einer Neigung zwischen 30 und ungefähr 50 Grad werden.

Starker Wind verändert die Schneeflocken schon, wenn sie fallen, und führt dazu, dass sich der Schnee nicht gleichmäßig verteilt. Die Stabilität der Schneedecke – des Neuschnees und der lange vorher abgelagerten Schneeschichten darunter – wird außerdem durch Temperatur und Sonneneinstrahlung bestimmt.

Dieses Schild warnt vor Lawinengefahr in den Bergen. Großes Bild: Lawinenabgang; besonders gefährdet sind Wintersportler, die sich abseits der offiziellen Pisten aufhalten.

Sonne, Wind und Regen

Ist das Klima auf den Bergen anders als im Tal?

Verglichen mit den Tallagen ist das Klima im Hochgebirge viel rauer und lebensfeindlicher. Das hängt vor allem mit der Höhe zusammen: Je höher man kommt, desto kälter wird es. Wie schnell die Temperatur sinkt, hängt von der Jahreszeit und der geographischen Lage eines Gebirges ab. Im Mittel ist es schon nach hundert Höhenmetern um etwa 0,6 °C kälter; bei tausend Höhenmetern sind es immerhin 6 °C.

Gleichzeitig steigen mit der Höhe in der Regel die Niederschläge an. Das bedeutet, dass es häufiger regnet oder schneit. Und je kühler es ist, umso länger bleibt der Schnee auch liegen. Für Gebirge, die in ähnlichen Klimazonen liegen wie die Alpen, gilt ganz allgemein, dass der Winter mit zunehmender Höhe immer länger wird und der Sommer immer kürzer. Für Alpenpflanzen, die in einer Saison wachsen, blühen und Samen bilden, bedeutet das oft einen Wettlauf mit der Zeit.

Außerdem nimmt der Wind mit der Höhe zu. Die Luft selbst wird mit zunehmender Höhe immer trockener und vor allem dünner. Sie ist auch klarer, enthält weniger Staub und andere Partikel, die die Strahlung der Sonne reflektieren. Deshalb, und weil die Sonnenstrahlen eine dünnere Luftschicht durchdringen müssen, ist die Sonneneinstrahlung im Gebirge besonders intensiv. Vor allem der Anteil an kurzwelligen ultravioletten oder UV-Strahlen, die den Sonnenbrand verursachen, nimmt mit der Höhe zu.

Heiß und kalt

Typisch für tropische Gebirge ist das so genannte Frostwechselklima: An wolkenfreien Tagen oder in der Trockenzeit kann es tagsüber, wenn die Sonne scheint, sehr heiß werden. Nachts fallen die Temperaturen dagegen unter den Gefrierpunkt. Pflanzen und Tiere dieser Regionen müssen diese belastenden Temperaturwechsel verkraften können.

Mount Fitzroy in Patagonien, Argentinien

Was ist die Höhenkrankheit?

Eine wirkliche Krankheit im eigentlichen Sinn ist die Höhenkrankheit nicht. Es sind vielmehr Beschwerden, die bei zu schnellem Aufsteigen in zu große Höhen auftreten und dadurch entstehen, dass der Körper nicht genügend Zeit zur Anpassung hatte. Die ersten Anzeichen von Höhenkrankheit können unter anderem Kopfschmerzen, Schlaflosigkeit, fehlender Appetit und Übelkeit sein. Diese Beschwerden verschwinden beim Abstieg in tiefere Lagen. Da die Symptome Warnzeichen des Körpers sind, sollten sie auf keinen Fall übergangen werden. Manchmal genügt es, beim Bergwandern einen Ruhetag einzulegen, damit der Organismus Zeit hat, sich an die Höhe zu gewöhnen. Reicht das nicht, ist es ratsam abzusteigen. Nie sollte man trotz der Warnzeichen den Weg zum Gipfel fortsetzten, da man damit seine Gesundheit ernsthaft schädigen, wenn nicht sogar sein Leben in Gefahr bringen kann. Die beste Vorbeugung ist, langsam aufzusteigen und viel zu trinken. Eine gute Kondition hingegen ist zwar die Voraussetzung für eine Bergtour, hilft aber nicht gegen die Höhenkrankheit. Zu leichten Formen der Höhenkrankheit kann es schon ab etwa 2 500 Metern Höhe kommen.

Warum schlägt das Wetter im Gebirge so schnell um?

Stürmischer Wind, Sonne, Gewitter, Regen – alles oft an einem Tag. Dass das Wetter im Gebirge oft launisch ist, liegt an den Bergen selbst. So stellen sie sich als hohe Barrieren Luftströmungen entgegen. Die Luftmassen werden verlangsamt, müssen bis über die Gipfel aufsteigen, fallen wieder hinab in die Täler, werden umgelenkt oder in engen Tälern und über Kuppen hinweg oft sogar beschleunigt. Während

Im Gebirge wechselt das Wetter oft; plötzlich können dicke Wolken aufziehen.

Dünne Luft

Der Pozala Palace in Lhasa; die tibetische Stadt liegt 3 685 Meter hoch.

Je höher man kommt, umso „dünner" ist die Luft. Das bedeutet, dass der Luftdruck mit der Höhe abnimmt. Dadurch ist in einer festgelegten Menge Luft weniger Sauerstoff enthalten. Man muss also mehr Luft einatmen, um die gleiche Menge an Sauerstoff zu erhalten, als im Tal. Der menschliche Körper versucht das auszugleichen: kurzfristig, indem zum Beispiel die Atemfrequenz erhöht wird und längerfristig, indem er beispielsweise nach einigen Tagen mehr rote Blutkörperchen bildet, die den Sauerstoff binden und im Körper transportieren. So wird mit einem Atemzug zwar weniger Sauerstoff eingeatmet, dafür wird er aber besser vom Körper aufgenommen. Der Körper kann sich jedoch nur bis zu einem gewissen Grad an die sauerstoffarme Höhenluft anpassen. Ab einer gewissen Höhe, etwa 5 500 Metern, ist keine vollständige Akklimatisierung mehr möglich. Die höchsten Berge der Welt können Bergsteiger, von einigen wenigen Ausnahmen abgesehen, nicht ohne die Hilfe von künstlichem Sauerstoff besteigen.

auf der einen Seite des Berges nur eine schwache Brise zu bemerken ist, kann schon hinter der nächsten Kante ein heftiger, stürmischer Wind vorüberfegen.

Ob und wie schnell sich der Himmel mit dicken Wolken zuzieht, hängt mit der Großwetterlage, aber auch mit der Jahreszeit und der Struktur der Gebirge zusammen: Schließlich sind Berge unterschiedlich hoch, die Steilheit der Hänge kann stark variieren, und sie können nach Norden, Süden, Westen oder Osten ausgerichet sein. Das wiederum hat Einfluss auf die Lufttemperatur. Verschiedene Gebiete eines Berges und die angrenzenden Luftschichten werden von der Sonne unterschiedlich schnell erhitzt. Wo feuchte warme Luft aufsteigt und in größeren Höhen wieder abkühlt, enstehen Wolken und es kann vor allem am Nachmittag heftig regnen oder sogar Gewitter geben.

Tagsüber herrscht an den Bergen Hangaufwind und Talwind, nachts Hangabwind und Bergwind.

Wie entstehen Berg- und Talwinde?

Die für Gebirge typischen Winde entstehen, wenn sich die Oberfläche der Erde im Tagesverlauf unterschiedlich schnell erhitzt. Vormittags erwärmen sich zum Beispiel die der Sonne zugewandten Hänge stärker als die im Schatten liegenden Täler. Die Luft direkt an der besonnten Bergflanke steigt auf und kühle Luft aus dem Tal strömt nach, sodass ein stetiger Wind bergauf streicht – der Hangaufwind. Auch an den Tälern entlang setzt sich die Luft in Bewegung. Sie strömt tagsüber vom Vorland kommend talaufwärts in die sich schneller erwärmenden Gebirge hinein und wird Talwind genannt.

Erst wenn die Temperaturen ausgeglichen sind, setzt der Wind aus und es entsteht eine Flaute. Mit dem Sinken der Sonne kühlen sich die Erdoberfläche und die nahen Luftschichten wieder ab. Die kalt gewordene, schwerere Luft sinkt zum Tal, der Wind weht in umgekehrter Richtung. Dieser Wind wird daher Hangabwind genannt. Da die

Das Alpenglühen ist keinesfalls nur auf die Alpen beschränkt. Es kann überall dort auftreten, wo genügend hohe, möglichst freistehende Berge abends von Westen her angestrahlt werden. Am stärksten „erglühen" helle Felsen aus kalkhaltigem Gestein mit fast ebener Fläche, wobei Nässe den Effekt noch verstärkt. Auch Eis- und Schneeflächen reflektieren das Licht gut.

Alpenglühen

Manchmal, wenn im Gebirge die Dämmerung heranbricht, scheinen die Berge leuchtend hellrötlich bis tief purpurfarben zu strahlen. Diese Erscheinung wird Alpenglühen genannt. Die Berge leuchten aber natürlich nicht von selbst. Sie werfen vielmehr das Licht der untergehenden Sonne zurück. Die weiter unten stehenden Betrachter, für die die Nacht schon hereingebrochen ist, sehen am Berg den Widerschein des letzten Sonnenlichts.

Gebirgstäler schneller auskühlen als das Vorland, ändert sich auch in den Tälern selbst die Windrichtung. Den Tälern abwärts folgend weht der Wind daher nachts als Bergwind aus den Tälern hinaus in das Vorland.

Inversionswetterlage

Normalerweise nimmt die Temperatur der Luft mit der Höhe ab. Aber manchmal, in den Alpen zum Beispiel im Herbst oder Winter, können sich in den Tälern so genannte Kaltluftseen bilden, über denen eine wärmere Luftschicht liegt. Dort, wo die beiden Luftschichten aneinander grenzen, nimmt die Temperatur in einem schmalen Bereich entgegen der Regel mit der Höhe zu. Man spricht deshalb von einer Umkehr oder Inversion. Eine solche Inversion entsteht zum Beispiel, wenn wärmere trockene Höhenluft langsam absinkt, die kalte Luft im Tal aber nicht verdrängen kann. Die kalte Luft bleibt unten, die warme oben. Das gleiche kann passieren, wenn sich eine kalte Luftschicht unter eine wärmere schiebt. Ist die Talluft nicht nur kalt sondern auch feucht, können sich Nebel und Wolken ausbilden. Im Tal ist es dann bedeckt und grau, auf den Bergen dagegen klar und sonnig.

Was ist Föhn?

Der Föhn ist ein warmer, trockener und oft stürmischer Gebirgswind der Alpen, der weit in das Vorland der Berge weht. Er entsteht, wenn relativ feuchte Luftmassen das Gebirge überqueren. Mit ihren hohen Gipfeln und ihrer weiten Ausdehnung bilden die Alpen eine massive Barriere, die zum Beispiel aus dem Süden kommende Luftströmungen zum Aufsteigen zwingt. Je höher die Luft steigt, um so mehr kühlt sie ab, um etwa 1 °C pro 100 Meter. Die Feuchtigkeit in der nun kühleren Luft kondensiert, das heißt, es bilden sich Wassertröpfchen. Dabei wird Wärme frei und die Luft kühlt nun langsamer ab, etwa 0,6 °C pro 100 Meter. Es entstehen dichte Wolken, die vor den Bergen hängen bleiben und der Stauseite Regen oder Schnee bescheren.

Hinter dem Gebirgskamm ist die Luft dann trocken. Sie sinkt ab und erwärmt sich dabei wieder um etwa 1°C pro 100 Meter. Deshalb ist der Wind, wenn er auf der anderen Seite das Tal erreicht, auf gleicher Höhe um einige Grad wärmer als auf der anderen Bergseite. Faszinierend ist die klare Sicht bei Föhn: Die Berge sind besonders gut zu erkennen.

Der Föhn ist keinesfalls ein Phänomen, das nur nördlich der Alpen auftritt. Bei umgekehrter Windrichtung kann es auch südlich der Alpen Föhn geben. Er wird dann Nordföhn genannt, fällt aber oft nicht besonders auf, weil aus dem Norden eher kühle Luft die Alpen überquert.

Fallwinde

Auch in anderen Gebirgen gibt es warme trockene Fallwinde wie den Föhn. Sie werden nur anders genannt. Der Föhn der Rocky Mountains heißt Chinook und weht vor allem auf der Ostseite des amerikanischen Gebirges. Hinter den Bergen kann die Temperatur durch ihn um bis zu 20°C ansteigen. Ein Fallwind östlich der Anden heißt Zonda.

Föhnentstehung: Feuchte Luft steigt auf, wobei sich dichte Wolken bilden. Hinter dem Gebirgskamm sinken die Luftmassen und erwärmen sich dabei.

Besonders klare Sicht auf Berchtesgaden und den Watzmann bei Föhn

Pflanzen im Gebirge

Welche Zonen gibt es auf dem Weg zum Gipfel?

Wer einen Gipfel in den Alpen besteigt, durchwandert auf seinem Weg dorthin sehr unterschiedliche Pflanzenlebensräume. Im unteren Bereich gibt es meist Mischwälder aus Laub- und Nadelbäumen. In etwas höheren Regionen werden die Laubbäume immer seltener, die Wälder gehen in reine Nadelwälder über. In den Alpen ist vor allem die Fichte vorherrschend. Sie wird in einigen Regionen noch von Arven (Zirbelkiefern) und Lärchen abgelöst. Mit zunehmender Höhe werden aber auch die Lebensbedingungen für Nadelbäume immer ungünstiger. Die gedachte Linie, von der an es keine geschlossenen Wälder mehr gibt, wird Waldgrenze genannt. Noch höher steigende Bäume sind oft schon vom Kampf ums Überleben gezeichnet. Die letzten sind meist nur noch geduckt wachsende, verkrüppelte Exemplare. Ein „Baum", der manchmal im Bereich der Waldgrenze auftritt, ist die Latsche oder Legföhre, eine niederliegende, buschartige Form der Bergkiefer. Sie besitzt besonders biegsame Zweige, die durch schwere Schneelasten nach unten gebogen werden, ohne dabei zu brechen. Legföhren können einen eigenen Krummholzgürtel bilden.

Oberhalb der Waldgrenze führen Wanderwege oft durch das dichte Gestrüpp der Zwergstrauchheiden. Zur Blütezeit fällt besonders die rot blühende Alpenrose auf. Danach schließt sich die Region der baumlosen alpinen Rasen oder Matten an, in denen neben Gräsern auch viele Alpenblumen gedeihen. Manche Pflanzen haben sich auf windige Stellen, Plätze mit langer Schneebedeckung, Geröllhänge oder Felsspalten spezialisiert. In großen Höhen wird das Pflanzenwachstum vor allem durch Schnee und Frost begrenzt. Je höher es geht, umso weniger Pflanzen kommen mit den lebensfeindlichen Bedingungen zurecht. Zwischen den Pflanzen sind immer häufiger kahle, steinige Stellen zu entdecken, und zuletzt überziehen nur noch Moose und Flechten hier und da die felsigen Flächen.

Höhenstufen

Einige Pflanzen kommen mit den speziellen Lebensbedingungen hoher Regionen besser zurecht als andere, weshalb sich die Zusammensetzung der Vegetation mit der Höhe stufenartig ändert. Die Übergänge sind allerdings oft fließend, sodass man keine konkrete Grenzlinie festsetzen kann. Auch zwischen einem Sonnen- und einem Schattenhang gibt es deutliche Unterschiede: Auf dem wärmeren Standort klettern Pflanzen höher als auf der kühleren Schattenseite.

Die Gipfel der österreichischen Schobergruppe in den Alpen sind für die meisten Pflanzen unbewohnbar.

Frosttrocknis

Trockenheit ist nicht nur ein Problem heißer Sommer: Gerade im späten Winter, wenn die Nächte noch frostig sind, die Sonne tagsüber aber schon wärmt, haben Pflanzen wie Nadelbäume, die ihre Blätter nicht abwerfen, oft extreme Schwierigkeiten mit dem Wassernachschub. Die hohen Temperaturen am Tag bewirken, dass Wasser an der Blattoberfläche verdunstet. Normalerweise können Pflanzen den Wasserverlust wieder ausgleichen. Ist der Gebirgsboden jedoch noch gefroren, kann die Pflanze kein Wasser nachliefern. Das Resultat: Die Pflanze vertrocknet. Dieses Phänomen wird Frosttrocknis genannt.

Was ist die Waldgrenze?

In den Alpen machen ab einer gewissen Höhe niedrige Temperaturen, Frost und die besonders kurze Wachstumszeit im Sommer den Bäumen zu schaffen: Immergrüne Nadelblätter sind zum Beispiel normalerweise sehr robust. Bleibt den Bäumen aber nicht genügend Zeit, um die neuen Nadelblätter fertig auszubilden, überstehen sie den nächsten Winter nicht.

Die Grenze, ab der es Bäumen nicht mehr möglich ist zu überleben, ist die Baumgrenze. Nicht immer ist die Baumgrenze auch die Waldgrenze. Häufig machen geschlossene Wälder schon unterhalb der Baumgrenze Halt und lediglich kleine Gruppen oder Einzelbäume klettern noch weiter hinauf. Dabei spielt nicht nur das Klima eine Rolle. Der Untergrund und vor allem der Mensch bestimmen häufig, ob und bis zu welchen Höhen Wälder noch vorkommen können. So werden zum Beispiel die Berghänge der Alpen schon seit Jahrhunderten gerodet und als Viehweiden genutzt.

Welche Bäume sich in großer Höhe noch behaupten können, ist von Region zu Region verschieden. In weiten Teilen Nordamerikas, Asiens und Europas wird die Waldgrenze vor allem von unterschiedlichen Arten von Tannen, Fichten, Kiefern oder Lärchen gebildet. Aber auch Laubbäume sind durchaus in der Lage, bis in große Höhen vorzudringen, zum Beispiel die Südbuche südlich des Äquators, die Birke im Himalaja oder die Buche im Süden der Alpen. In tropischen Gebirgen reichen feucht-kühle Bergregen-, Nebel- oder Wolkenwälder bis zur Baumgrenze hinauf.

1) Fels und Schnee
2) Flechten und Moose
3) alpine Zone
4) Nadelwald
5) Mischwald

Edelweiß: oft in felsige Regionen zurückgedrängt.

Alpenglöckchen: wächst dort, wo Schnee lange liegen bleibt.

Alpen-Küchenschelle: in alpinen Naturwiesen.

Alpen-Wundklee: häufige Pflanze auch in tieferen Lagen.

Stängelloser Enzian: wächst auf nährstoff- und kalkarmen Böden.

Welche Blumen sind typisch für die Alpen?

Die typische Alpenblume ist das Edelweiß. Ursprünglich war die eher unscheinbare Pflanze mit dem filzig behaarten Blütenstand recht häufig auf Alpenrasen anzutreffen. Doch dann wurde sie „entdeckt" und als Wahrzeichen der Alpen ins Rampenlicht gerückt. Das machte sie berühmt und leider auch so begehrt, dass sie in vielen Gebieten durch intensives Sammeln ausgerottet wurde.

Charakteristisch für die Alpen sind auch die Enziane, von denen einige in intensivem Blau leuchten. Häufige Vertreter sind der Frühlings-Enzian und der Stänggellose Enzian. Aber nicht alle Enziane sind klein und blau: Purpurfarben ist beispielsweise der bis zu 60 Zentimeter große Purpur-Enzian, der Punktierte und der Gelbe Enzian sind gelb, wobei letzterer sogar über einen Meter hoch werden kann.

Auf die Alpenrose treffen Wanderer oft kurz nach oder sogar schon in der oberen Waldstufe. Sie gehört zu den Rhododendren. Je nach Untergrund kommen in den Alpen zwei unterschiedliche Arten vor: die Behaarte Alpenrose bevorzugt Kalk, während die Rostrote Alpenrose auf sauren Böden wächst. Ein Blick auf die Blätter verrät, um welche Art es sich handelt: Die Blätter der ersteren sind am Rand behaart, die älteren Blätter der letzteren auf der Unterseite rostrot. In den Alpen sind Rhododendren vergleichsweise niedrige Sträucher. Im Himalaja dagegen gibt es sogar baumgroße, bis zu 20 Meter hohe Arten, die in Höhen von etwa 1500-3000 Metern über dem Meer ganze Wälder bilden können.

Wie überleben Pflanzen in den Bergen?

Der Hauptfeind der Pflanzen im Gebirge ist die Kälte – in großer Höhe, im Winter oder in frostigen Nächten. Sinkt die Temperatur langsam ab, können sich Pflanzen oft bis zu einem gewissen Grad daran gewöhnen. Manche sind in der Lage, trotz Minustemperaturen die Eisbildung zu verhindern, sodass sich Eiskristalle erst bei fünf bis zwölf Grad unter Null oder tieferen Temperaturen bilden. Andere Pflanzen tolerieren es, wenn Wasser gefriert – Hauptsache, die lebenden Zellen werden nicht geschädigt. Sind lebenswichtige Bereiche aber eingefroren, ist es zu spät.

In der Regel wachsen Gebirgspflanzen kleiner und geduckter als ihre Verwandten in den Tälern. Sie sind somit stürmischen Winden nicht so stark ausgesetzt und ragen im Winter nicht über die schützende Schneedecke hinaus. Eng an den Untergrund schmiegen sich auch die

Behaarte Alpenrose: mag kalkreichen Untergrund.

Scheuchzers Glockenblume: wächst auf Wiesen, aber auch auf Schutt.

Gold-Pippau: mag nährstoffreiche Wiesen und Weiden.

Zweiblütiger Steinbrech: hält mit 4450 Metern den Höhenrekord bei den Alpenpflanzen.

Leben auf Schutt

Viele Regionen im Gebirge bestehen nur aus Schutt. Für Pflanzen ist das ein schwer zu besiedelnder Raum, denn in den seltensten Fällen sind die Schuttflächen flach. Auf schrägen Hängen bewegen sich die Steine oft der Schwerkraft folgend bergab – es kollert,

Das Rundblättrige Täschelkraut ist eine der ersten Pflanzen auf Schutt.

Der Gletscher-Hahnenfuß wächst bis in 4200 Metern Höhe auf Schutt, Geröll und Fels.

rutscht und rollt. Wer nicht über das Geröll kriecht, mit ihm mitwandert oder es überdeckt, ist vielleicht so robust, es aufzustauen. Mit ihren Wurzeln verankern sich Schuttspezialisten daher in dem unsicheren Gelände. Damit werden ruhende Inseln geschaffen, die auch anderen Pflanzen die Möglichkeit geben, sich zu etablieren.

Felsspezialisten finden mit langen und verzweigten Wurzeln in Gesteinsspalten halt; links: Schweizer Mannsschild. Das Stängellose Leimkraut (rechts) ist eine typische Polsterpflanze.

Blattrosetten vieler Gebirgspflanzen. Zahlreiche Hochgebirgspflanzen wachsen außerdem als Polster; Gräser oft büschelig in so genannten Horsten. So schaffen sie sich im Innern ein eigenes Kleinklima und schützen wichtige Bereiche vor dem Gefrieren, vor Sonne und vor Wind.

Viele Gebirgspflanzen sind stark behaart, zum Beispiel das Edelweiß. In trockenen Gebieten schützen sich Pflanzen durch Haare vor zu starker Verdunstung. In den Bergen ist jedoch, von Ausnahmen abgesehen, genügend Wasser vorhanden. Die Haare schützen jedoch ebenfalls vor Wind und starker Sonnenstrahlung.

Für einige Pflanzen reicht die kurze Zeitspanne zwischen Frühling und Herbst nicht aus, um im gleichen Jahr zu wachsen, zu blühen und Samen zu bilden. Ihre Lösung: Sie verteilen diese Vorgänge einfach auf zwei Jahre – im ersten Jahr wird die Blütenknospe angelegt, im zweiten blüht sie auf.

Können Pflanzen auf Steinen leben?

Typisch für das Hochgebirge sind weitläufige Regionen aus nacktem Fels. Doch nicht immer sind Felsen und Steine tatsächlich nackt. Oft sind sie besiedelt, zum Beispiel von Moosen, Algen oder Flechten. Eine Besonderheit in kalkreichen Felsregionen sind die so genannten Tintenstriche. Sie entstehen durch die oft auch als Blaualgen bezeichneten Cyanobakterien, die sich dort ansiedeln, wo Süßwasser an kalkhaltigem Gestein hinabrinnt. Dort bilden sie schwärzliche Striche und Streifen – die Tintenstriche.

Auch einige Flechten können noch in großer Höhe auf Steinen und Geröll Fuß fassen. Sie sind allerdings keine Pflanzen, sondern Lebensgemeinschaften von Pilzen und Grün- beziehungsweise Blaualgen. Sie können oft bei extremen Temperaturen noch wachsen. Flechten benötigen vor allem Feuchtigkeit wie Regen, Nebel oder Tau. In feuchten Bergwäldern gedeihen sie deshalb besonders üppig. Trockene Perioden im Gebirge überstehen sie, indem sie austrocknen. Dabei sterben sie aber nicht ab, sondern befinden sich in einer Art Ruhezustand und warten so auf Nebelschwaden oder den nächsten Schauer.

Die gelb-schwarze Landkartenflechte wächst auf kalkarmen Silikatfelsen.

Die Regionen Páramo (links) und Puna (oben) tropischer Gebirge

Was sind Páramo und Puna?

In tropischen Gebirgen Südamerikas erstreckt sich oberhalb der Baumgrenze eine feucht-kühle Region, die Páramo genannt wird. In Venezuela, Kolumbien und Teilen Ecuadors kennzeichnet sie die Gebirgsregionen ab etwa 3 800 Metern Höhe. Hier wachsen vor allem büschelige Gräser neben auffälligen Riesenrosettenpflanzen und Zwergsträuchern. Wie für Regionen nahe des Äquators typisch, gibt es auch im Gebirge keinen deutlichen Wechsel zwischen den Jahreszeiten – keinen Sommer oder Winter. Die Pflanzen können im Prinzip das ganze Jahr hindurch wachsen.

Weiter südlich in den Anden trifft man auf die Puna, eine karge, relativ flache Landschaft, in der sich Regen- und Trockenzeit abwechseln. Sie prägt die Hochebenen von Peru und Bolivien. Je weiter man in Richtung Süden kommt, umso lebensfeindlicher ist sie – kalt, wo die Sonne nicht hinkommt, zunehmend trockener und sturmgefegt. Oft gibt es nur Ichu-Gräser, Zwergsträucher oder Kakteen; Bäume fehlen fast völlig.

Eine der ausgefallensten Pflanzen der Puna ist eine Puya-Art, eine Verwandte der Ananas. Sie wächst in Höhen bis etwa 4 500 Metern und kann über drei Meter hoch werden. Wenn sie nach etwa 80 bis 150 Jahren erblüht, ist sie noch imposanter: Ihr Blütenstand wird bis zu sechs Meter hoch. Sie blüht nur ein einziges Mal in ihrem Leben, danach stirbt sie ab.

Die beeindruckende Pflanze Puya raimondii (Peru)

Silberschwerter und Riesenmönche

In der Regel nimmt die Pflanzengröße mit der Höhe ab. Nicht so bei einigen für tropische Gebirge charakteristischen Pflanzen: den Riesenrosettenpflanzen, die oft sogar zu riesigen Schopfbäumen emporwachsen. Diese markante Wuchsform haben unterschiedliche Arten unabhängig voneinander entwickelt: In Afrika findet man sie unter Dendrosenecien und Lobelien, in den Anden sind es Espeletien und Puya, und auf Hawaii wachsen Silberschwerter. Da die Temperaturen in der Nacht häufig unter den Gefrierpunkt fallen, schützen viele dieser Gebirgspflanzen ihre inneren Bereiche, indem sie die Blätter nachts nach oben klappen. Die Stämme der Schopfbäume wirken oft mächtig, denn abgestorbene Blätter hängen in großer Zahl seitlich an der Pflanze herab. In Südamerika werden die großen Espeletien „frailejones“ genannt, was so viel wie „Riesenmönche“ bedeutet. Mit etwas Fantasie ähneln die riesigen Gebirgspflanzen großen, in Kutten gekleideten Gestalten – besonders, wenn man durch Nebel und Wolken nur ihre Umrisse sieht.

Märchen, Mythen, Göttersitze

Drachen, Lind- und Tatzelwürmer

Die unwirtliche Welt der Gebirge wirkte früher oft beängstigend auf die Menschen und wurde daher oft als Heimat von Märchenwesen wie Drachen und Tatzelwürmern angesehen. In den Alpen machten die Menschen Wetterdrachen dafür verantwortlich, wenn sich im Frühjahr Sturzbäche ins Tal ergossen. Bis ins 19. Jahrhundert waren sogar Naturforscher davon überzeugt, dass in den Alpen Tatzelwürmer existieren. Immer wieder gab es Augenzeugenberichte: Oft wurden die Drachen als mehr oder weniger große, schlangenartige Wesen mit einem katzenähnlichen Kopf beschrieben – mal mit, mal ohne Beine und Flügel.

Götter und heilige Berge

Gebirge lösen schon immer auch Ehrfurcht in den Menschen aus. Wo sonst könnten Götter wohnen, wenn nicht weit über allem anderen, auf den schier unerreichbaren Gipfeln der Berge? Weltweit gibt es daher heilige Berge, die als Wohnsitz von Göttern betrachtet wurden oder heute noch werden. Der Berg Kailas im Himalaja wird von vielen Volksgruppen als heiliger Berg verehrt. Ebenfalls als Göttersitz galt der Fudschijama, der höchste Berg Japans. Er wird auch heute noch von den Japanern verehrt und zieht jährlich tausende Besucher an. Auf dem Olymp wiederum waren die Götter des alten Griechenland zu Hause.

Der Yeti

Der Yeti ist ein menschenähnliches Wesen, das im Himalaja lebt. Das sagen zumindest jene, die von seiner Existenz überzeugt sind. Doch obwohl es immer wieder Menschen gibt, die berichten, dass sie einen „Schneemenschen" gesehen haben, die auf seine Fußspuren stießen oder seine Schreie hörten – einen anerkannten Beweis gibt es bisher nicht. Es könnte sich dabei um ein bekanntes oder bisher unbekanntes Lebewesen handeln, einen Menschen, der zurückgezogen und „wild" im Gebirge lebt oder um ein Fabelwesen. Zumindest existiert der Yeti in zahlreichen Geschichten und Sagen der Menschen des Himalaja. Ein ähnlicher Vertreter ist der Bigfoot, dessen Spuren Mitte des 20. Jahrhunderts im Westen Nordamerikas gefunden wurden. In Kanada ist der Bigfoot auch als Sasquatch bekannt.

Märchen und Sagen

In vielen Alpenmärchen werden gemeine Menschen dadurch bestraft, dass sie selbst oder ihr Besitz in Stein oder Eis verwandelt werden. So soll es zum Bespiel dem bösen König Watzmann und seiner Familie ergangen sein. Der Zwergenkönig Laurin ließ dagegen seinen blühenden Rosengarten aus Trauer um seine verlorene Liebe zu Stein erstarren. Viele Almen sollen außerdem mit Geistern bevölkert sein, die so für ihre Schlechtigkeit zu Lebzeiten bestraft werden.

So könnte der Yeti – oder Bigfoot – aussehen.

Fudschijama in Japan

Kailas im Himalaja

Rosengartengruppe in Südtirol

1
2
3
4
5
6
7
8
9
10
11
12
13
14
15
16
17
18
19

Tiere im Gebirge

ALPENSALAMANDER

Normalerweise legen Amphibien ihre Eier im Wasser ab, wo die Larven dann schlüpfen. Doch bis die Larven ausgewachsen sind, kann eine lange Zeit vergehen. Der Alpensalamander umgeht diese risikoreiche Periode, indem er seine Jungen zwei bis vier Jahre lang austrägt und als fertige Landtiere zur Welt bringt. Alpensalamander sind dadurch weitgehend unabhängig vom Wasser.

Am wohlsten fühlen sie sich dennoch, wenn es richtig feucht ist. Wanderern begegnet er daher am ehesten frühmorgens und besonders nach Regengüssen.

ALPENBEWOHNER:

1) Kolkrabe
2) Steinadler
3) Bergeidechse
4) Tannenhäher
5) Alpendohlen
6) Apollofalter
7) Steinböcke
8) Gämse
9) Hochalpen-Widderchen
10) Schneehase
11) Alpenhummel
12) Schneefink
13) Schneehuhn
14) Braunelle
15) Seesaibling
16) Elritzen
17) Alpensalamander
18) Murmeltiere
19) Schneemaus

Wie passen sich Tiere an das raue Hochgebirgsklima an?

Im Gebirge herrschen für Tiere extreme Lebensbedingungen, die sich besonders im Winter zuspitzen. Kälte und Schnee, eisiger Wind und Nahrungsmangel machen dann die Hochgebirge zu einer lebensfeindlichen Region. Ein Teil der Tiere verlässt daher seinen Lebensraum in großer Höhe und verbringt die kalten Monate in tieferen Lagen. Gämsen beispielsweise ziehen sich zu Beginn des Winters in die schützenden Regionen unterhalb der Waldgrenze zurück.

Andere Tiere harren aus und haben sich dem rauen Winter im Gebirge angepasst: Als Schutz gegen die Kälte besitzen viele Gebirgstiere ein besonders dickes Winterfell oder dichtes Gefieder. Alpenschneehühner etwa, die nicht nur Gebirge, sondern auch arktische Regionen bevölkern, sind bis zu den Zehen befiedert. Das dient nicht nur dem Schutz vor Kälte, sondern verhindert zudem das Einsinken im Schnee. Für die Nacht buddelt sich das Alpenschneehuhn eine Mulde oder Höhle in den Schnee, denn Schnee kann gut gegen größere Kälte isolieren.

Um gut getarnt zu sein, wechseln Alpenschneehühner außerdem mit den Jahreszeiten die Farbe ihres Gefieders: Im Sommer sind sie braun oder grau gefleckt, im Winter schneeweiß. Auch bei Schneehasen passt sich die Fellfarbe der Jahreszeit an. Lediglich die Ohrenspitzen bleiben im sonst weißen Winterkleid schwarz.

Andere Tiere verbringen den Winter in unterirdischen Höhlen. Das Alpenmurmeltier hält in seinem Bau eng an die Familienmitglieder gekuschelt Winterschlaf. Dabei verbraucht es so wenig Energie, dass die während des Sommers angefutterten Fettreserven bis zum nächsten Frühjahr reichen.

Manche Tiere fallen bei zu niedrigen Temperaturen in eine Kältestarre. Der Alpensalamander überdauert so die kalte Jahreszeit im Gebirge. Eine Art Kältestarre ist auch von einem südamerikanischen Kolibri bekannt, dem Andenkolibri. Er lebt hoch oben in den Anden und übersteht auf diese Weise die empfindlich kalten Gebirgsnächte.

Der Schneehase trägt im Winter ein weißes Fell, in den arktischen Gebieten sogar das ganze Jahr.

Ihr langes Fell schützt die Schneeziege optimal vor Kälte.

Warum pfeift das Murmeltier?

Alpenmurmeltiere sind gesellige Tiere, die in Kolonien zusammenleben. Sie gehören zur Familie der Hörnchen und sind somit nahe verwandt mit dem Eichhörnchen. Ihr Lebensraum ist das Hochgebirge; in den Alpen kann man sie in Höhen von etwa 800 bis über 3000 Metern antreffen. Obwohl die Nagetiere einen Großteil ihres Lebens in ihren unterirdisch angelegten Höhlensystemen verbringen, tummeln sie sich auch gerne auf sonnigen, möglichst baumfreien Berghängen – denn je weniger Bäume, desto besser die Sicht.

Bevor man als Wanderer jedoch selbst ein Murmeltier erspäht, wird man es sehr wahrscheinlich hören. Denn selbst wenn Murmeltiere fressen oder in der Sonne faulenzen, bleiben sie ausgesprochen vorsichtig. Vermuten sie eine Gefahr, wird ein lauter Pfiff ausgestoßen, der die Artgenossen warnt und anspornt, schnell den nächstgelegenen Höhleneingang aufzusuchen. Dabei pfeifen Murmeltiere im übrigen nicht mit den Lippen, sondern mit dem Kehlkopf. Genau genommen ist der Pfiff also eher ein Ruf oder Schrei.

Alpenmurmeltier

Welche Vögel leben in den Alpen?

Ein besonders majestätischer Alpenvogel ist der Steinadler. Früher einmal war er in ganz Mitteleuropa anzutreffen. Heute ist er bei uns auf den Alpenraum beschränkt. Seine Beutetiere sind in erster Linie Murmeltiere, aber auch Schneehasen verschmäht der gefiederte Jäger nicht, ebensowenig wie Gämsen, Schaflämmer oder sogar Aas. Derzeit gibt es etwa 1100 Brutpaare im Alpenraum, wo er bevorzugt in ungestörten Regionen zu Hause ist.

Auch das Refugium des Kolkraben liegt im heutigen Europa vor allem im Gebirge, denn lange Zeit wurde der große Rabenvogel von Menschen verfolgt. Schuld daran ist wohl sein Geschmack: Zwar sind die großen schwarzen Vögel im Prinzip Allesfresser, sie bevorzugen aber Aas. Viele Menschen begegnen solchen Tieren mit Angst und Vorurteilen. Andererseits galten Raben zum Beispiel in der nordischen Mythologie als weise Botschafter des Gottes Odin.

Ebenfalls zu den Rabenvögeln zählen die Alpendohlen. Sie sind fantastische Flugkünstler: Gerade noch lassen sie sich leicht von aufsteigender Luft in die Höhe tragen, schon schießen sie sturzflugartig in die Tiefe. Man begegnet ihnen häufig, besonders in der Nähe von bewirtschafteten Berghütten.

Ein kleiner Vogel hoch oben im felsigen Geröll ist der Schneefink,

Alpendohle

Himalaja-Pfeifhase

PFEIFHASEN

Himalaja-Pfeifhasen sind kleine, etwa meerschweinchengroße Säugetiere, deren Spuren im Himalaja sogar noch in 6 000 Metern Höhe gefunden wurden. Sie leben bevorzugt in Geröllfeldern und Matten oberhalb der Baumgrenze. Bei Gefahr stoßen sie den Murmeltieren ähnlich einen hellen, durchdringenden Schrei aus und verschwinden blitzschnell in ihren Höhlen.

Geier im Hochgebirge

Bartgeier

Kondor

Der Bartgeier wurde in vielen Gebieten, wie den Alpen, ausgerottet. Seit einigen Jahren gibt es Versuche, ihn dort wieder anzusiedeln. Mit Erfolg: Rund 130 Vögel wurden bisher freigelassen. Der Bartgeier ist auch in Teilen Afrikas und Asiens zu Hause. Im Himalaja teilt er sich den Lebensraum mit dem Schnee- oder Himalajageier. Ein anderer geierähnlicher Vogel, der zur Gruppe der so genannten Neuweltgeier Amerikas gehört, ist der Andenkondor. Es ist ihm kaum anzusehen, aber er ist näher mit den Störchen verwandt als mit den echten Geiern oder anderen Greifvögeln. Mit über drei Metern Flügelspannweite und einem Gewicht von bis zu zwölf Kilogramm zählt er zu den größten flugfähigen Vögeln. Sein Lebensraum erstreckt sich entlang der riesigen Gebirgskette der Anden von der Karibik bis in den Süden Chiles und Argentiniens.

der eigentlich kein Fink, sondern ein Sperling ist. Er hält sich häufig am Rand von Gletschern auf, wo er zwischen den Steinen nach Nahrung pickt. Besonders im Winter kommt aber auch er dicht an Skihütten heran.

Auch der Mauerläufer ist ein Hochgebirgsvogel. Seine Nahrung – Insekten, Asseln, Spinnen oder Tausendfüßler – stochert er aus engen Spalten von Felsen oder Mauern hervor. Dabei erklettern die Vögel, durch starkes Flügelflattern unterstützt, zum Teil senkrechte Wände. Bei den flatternden und zuckenden Flügelbewegungen des Mauerläufers sind seine leuchtend rot gestreiften Flügeldecken oft weithin sichtbar. Mit schwätzendem Getriller, das an eine Feldlerche erinnert, macht die Alpenbraunelle auf sich aufmerksam. Sie lebt und brütet vorzugsweise zwischen Baum- und Schneegrenze.

Warum können Gämse und Steinbock so gut klettern?

Immer wieder können Wanderer im Gebirge beobachten, wie sich Gämsen trittsicher in steilem Gelände bewegen und mit Leichtigkeit hohe Felsen erklimmen. Steinböcke gelten sogar als die alpinen Kletterspezialisten schlechthin. Sie fühlen sich in baumlosen Regionen aus Stein und Fels am wohlsten und erklettern sogar scheinbar unwegsame Felswände. Wo andere Tiere mit ihren Hufen längst weggerutscht wären, finden Gämsen und Steinböcke noch sicheren Halt. Ihre Hufe sind ganz besonders für das Leben im Hochgebirge geeignet.

Gamsbart

Ziegenböcke tragen Bärte, männliche Steinböcke ebenfalls. Die Gämsen allerdings sind bartlos. Wenn traditionelle Alpenhüte daher mit einem „Gamsbart" geschmückt sind, dann handelt es sich in Wirklichkeit um die langen Rückenhaare der Gämsen, die zu einem „Bart" zusammengebunden werden.

Dickhornschaf, Rocky Mountains

Asiatische Schraubenziege

Steinbock

Die Hufe der Gämse geben ihr auf unebenem Gelände Halt.

Beide Kletterkünstler gehören zu den Paarhufern, deren Hufe aus zwei Zehen gebildet werden und deshalb, anders als bei Pferden, aus zwei Hälften statt einer bestehen. Beide Hälften sind gegeneinander beweglich und werden zum Beispiel beim Bergabgehen stark gespreizt. Das verbessert die Sicherheit und hilft beim Bremsen. Außerdem haben die Hufe relativ elastische Sohlen, die sich dem Untergrund anschmiegen und so die Haftung erhöhen. Der äußere Rand der Hufe ist dagegen hart und bildet eine Art Kante, die das Wegrutschen verhindert. Damit finden die Tiere Halt an kleinsten Vorsprüngen.

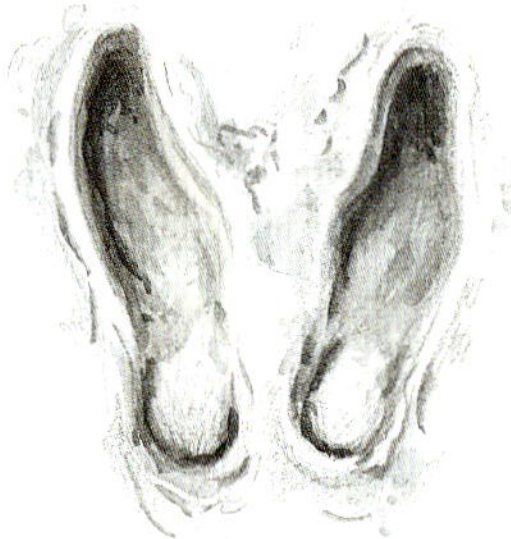

Hufabdruck einer Gämse

Wie kamen Kamele in die Anden?

Die Vorfahren der Kamele waren etwa so groß wie Hasen und lebten ursprünglich in Nordamerika. Von dort wanderte ein Teil der Tiere vor etwa drei Millionen Jahren nach Asien aus; zu jener Zeit war Amerika im Norden noch über eine Landbrücke mit dem heutigen Sibirien verbunden. Die Nachkommen dieser Tiere sind die heute in Afrika und Asien lebenden zweihöckerigen Kamele und einhöckerigen Dromedare. Eine andere Gruppe Kamelartiger zog in Richtung Süden. Aus ihnen entwickelten sich die Kleinkamele Südamerikas: Lamas und Alpakas, Guanakos und Vikunjas.

Allen Kamelartigen gemeinsam sind, neben einer gespaltenen Oberlippe, die relativ weichen Schwielensohlen. Die Sohlenballen der Kleinkamele sind jedoch relativ schmal und gut geeignet für Wanderungen durch die oft kargen und steinigen Gebirgsregionen der Anden. Außerdem besitzen die Kleinkamele Südamerikas keine Höcker.

Vor allem die zierlichen Vikunjas sind gut an das Leben im Hochgebirge angepasst. Sie leben oberhalb der Baum- und unterhalb der Schneegrenze, in der kalten und trockenen Hochebene der Anden, der Puna. Hier finden sie ihre Nahrung, in erster Linie Gräser. Da in größeren Höhen weniger Sauerstoff vorhanden ist, besitzen sie ein besonders effektives Herz-Kreislauf-System. Außerdem schützt sie ihr dichtes Fell vor Wind und Kälte.

In letzter Minute

Der Alpensteinbock war schon fast ausgerottet, als er in den italienischen Alpen im Gebiet des heutigen Nationalparks „Gran Paradiso“ Zuflucht fand. Jahrhundertelang hatten es die Menschen auf ihn abgesehen: Sein Fleisch wurde verzehrt, die Hörner waren Trophäen und fast allen Körperteilen wurden Heilkräfte zugeschrieben. Dank Schutz- und Wiedereinbürgerungsmaßnahmen hat er sich heute weite Teile der Alpen zurückerobert.

Teure Wolle

Vikunja-Wolle ist so fein, dass sie schon zu Zeiten der Inka eine begehrte Ware war. Doch erst nach der Inka-Zeit wurden Vikunjas so stark gejagt, dass ihr Bestand in der Mitte des vergangenen Jahrhunderts nur noch etwa 10 000 Tiere zählte. Um sie zu schützen, wurde der Handel mit Vikunja-Wolle zeitweise verboten. Auch das Guanako wurde wegen seines Fleisches und seiner Wolle gejagt und von Nutztieren aus seinem Lebensraum verdrängt.

Lamas in Chile vor dem Vulkan Parinacota

SCHNEELEOPARD

Der Schneeleopard oder Irbis wird nicht nur wegen seiner Übergriffe auf zahme Herdentiere von Hirten, sondern auch wegen seines teuren Fells gejagt. Der mittlerweile selten gewordene Einzelgänger lebt im Himalaja, Pamir, Hindukusch und anderen zentralasiatischen Hochgebirgen. Sein Lebensraum sind die Bergwälder, im Sommer durchstreift er auch die Regionen weit oberhalb der Waldgrenze.

WOLF

Der in vielen Ländern Europas ausgerottete Wolf ist bei uns geschützt und erobert langsam Teile seines ehemaligen Lebensraums zurück. Von Italien und den Balkanländern aus stießen einige Wölfe bis in die Alpen Frankreichs, nach Österreich und in die Schweiz vor. Auch aus den Karpaten und Polen gelangen immer wieder Wölfe nach Westen.

BRAUNBÄR

Es gibt viele Unterarten des Braunbären, die auf der Nordhalbkugel leben und sich vor allem durch Fellfarbe und Größe unterscheiden. Der große Grizzlybär etwa ist ein Braunbär, der in den Rocky Mountains, in Kanada und Alaska wohnt. Die wenigen Braunbären, die heute noch die Pyrenäen, die kantabrischen Gebirge, die Abruzzen oder die Alpen durchstreifen, gehören zu den kleineren Vertretern.

LUCHS

Der Eurasische Luchs ist die größte wild lebende Katze Europas. Luchse ernähren sich vor allem von Rehen, im Gebirge auch von Gämsen. Notfalls gibt sich die Katze mit Ziegen oder Schafen zufrieden – sehr zum Unmut der Besitzer. Schafhalter, die um ihre Schafe bangen, und Jäger, die um den Wildbestand fürchten, sind auch heute oft noch die schärfsten Gegner der Katze. Die kleiner werdenden Lebensräume und die Jagd haben die Zahl der Luchse in Europa stark verringert.
Heute gibt es in vielen Regionen Projekte zur Wiederansiedlung, unter anderem in den Alpen.

Welche Raubtiere jagen im Gebirge?

Viele Raubtiere waren früher wesentlich weiter verbreitet. Erst der Mensch verfolgte und vertrieb zum Beispiel Wölfe oder Braunbären aus seinem Siedlungsraum oder rottete sie sogar vollständig aus. Meist geschah dies aus Angst vor den wilden Tieren. Dies und der Rückgang an Wild führte dazu, dass in Europa große Raubtiere lange Zeit nur noch in den östlichen Ländern, vereinzelt im Norden oder in wenigen Gebieten Südeuropas überleben konnten. In den Alpen waren Braunbär, Wolf und Luchs fast ausgerottet.

Heute kommen die Raubtiere auch in die Alpen zurück: Sie wandern ein oder werden aktiv ausgesetzt. Nicht immer ist das problemlos, denn die Ängste und Vorurteile, die früher zur Verfolgung der Tiere geführt hatten, sind ja nicht verschwunden. Deshalb ist es nötig, gleichzeitig mit der Wiederbesiedlung, die Menschen über das Verhalten und die Lebensweise der Tiere, wie man ihnen begegnen und wie man Nutztiere schützen kann, aufzuklären.

Ötzi

Im Jahr 1991 wurde zufällig die Leiche eines Mannes entdeckt – eingefroren im Gletschereis des Similaun und dadurch unglaublich gut erhalten. Nach seinem Fundort oberhalb des Ötztals erhielt die Gletschermumie den Namen Ötzi. Er lebte vor über 5 000 Jahren in den Alpen. Sein Leben endete im Hochgebirge zwischen Südtirol und dem hinteren Ötztal in rund 3 200 Metern Höhe. Ausgerüstet war er mit Pfeilen und einem Dolch aus Feuerstein, er hatte Werkzeug im Gepäck und besaß sogar ein Beil mit einer Klinge aus Kupfer. Woran er genau starb, ist noch nicht ganz geklärt. Tiefgekühlt ist er auch heute noch: Er liegt in einer speziellen Kühlkammer im Südtiroler Archäologiemuseum. Ob er so einen Grasumhang (Zeichnung) getragen hat, wird noch diskutiert.

Menschen in den Bergen

Wann wurden die Alpen von Menschen besiedelt?

Schon vor über 50 000 Jahren zogen Menschen durch die Alpen. Es waren Steinzeitmenschen, die auf der Suche nach Essbarem den Tälern folgend in die Alpen vorstießen, Früchte und Samen von Pflanzen sammelten, Tiere jagten oder aus den Flüssen fischten. Sie verbrachten allerdings höchstens die wärmere Zeit des Jahres im Gebirge und durchstreiften die übrige Zeit das Vorland der Alpen. Dann begann die letzte große Eiszeit, die erst vor etwa 10 000 Jahren endete. Mit ihr überzogen sich die Alpen mit Schnee und Eis und die Menschen mieden diesen kalten, lebensfeindlichen Raum weitgehend.

Erst als sich das Klima zum Ende der Eiszeit wieder erwärmte, führten die Wege der Menschen wieder ins Gebirge. Als Jäger jagten sie Gämsen, Steinböcke und andere Wildtiere. Vor etwa 5 000 Jahren begannen Menschen, sich zunächst am Alpenrand fest niederzulassen, Felder zu bestellen und Ziegen und Schafe zu halten. Den Alpenraum selbst erschlossen sie nur nach und nach: Manche führten, vom Rand der Alpen aus kommend, in den Sommermonaten ihre Schafe zum Weiden auf die hoch liegenden und grasreichen Gebirgshänge. Andere bauten die ersten festen Siedlungen innerhalb der Alpen, wobei sie trockene und warme Täler bevorzugten, in denen vor allem das Getreide gut gedeiht. Noch bis ins 14. Jahrhundert gehörten die Almen allerdings vor allem den Ziegen und Schafen. Kühe bestimmen erst ab dem Mittelalter das Bild der Bergregionen.

VIELE DER traditionellen Gebirgsrassen sind im Vergleich zu den schweren Tieflandrassen reinste Fliegengewichte. Sie sind robust und bestens an das Leben im rauen Bergklima angepasst. Alte Gebirgsrassen sind zum Beispiel das Rätische Grauvieh oder das Hinterwälder Rind, die selbst in steilem Gelände trittsicher und berggängig sind. Aus wirtschaftlichen Gründen wurden die traditionellen Nutztiere allerdings immer häufiger durch produktivere Tieflandrinder ersetzt. Manche der alten Gebirgsrassen sind deshalb heute in ihrem Bestand bedroht oder sogar schon ausgestorben.

Was bedeuten Almen für die Menschen der Alpen?

Kühe auf blühenden Almwiesen vor schroffen Felsen sind für viele Menschen der Inbegriff der Alpen. Tatsächlich nutzen Bergbauern die Wiesen oberhalb der Wälder schon seit vielen hunderten von Jahren als Sommerweiden für ihre Tiere. Die obersten Regionen eignen sich vor allem für Schafe und Ziegen. Sie sind sehr genügsam, robust und finden selbst auf kargen Flächen noch genug zu fressen. Weiter unten, auf den üppigeren Almwiesen, weiden Rinder und Milchkühe. Sie werden im Mai von Hirten auf die Weiden getrieben und bleiben den Sommer über dort. Im Herbst erfolgt der Almabtrieb und den Winter verbringen die Tiere geschützt im Tal. Die Almwiesen müssen gut gepflegt werden. Dazu gehört etwa das Entfernen von Steinen, das Be- und Entwässern der Wiesen oder das Einsäen von aufgerissenen Stellen. Traditionelle Almwirtschaft ist deshalb sehr anstrengend, macht eine Menge Arbeit und wird heute für immer mehr Menschen unrentabel und unattraktiv.

Käseherstellung auf einer Alm im Handwerksverfahren; die Käsemasse wird abgeschöpft.

Eng verbunden mit der Viehwirtschaft ist die Herstellung von Käse. Schon früh verarbeiteten Menschen Milch zu Käse. Dieser war allerdings noch weit entfernt vom gelblichen Hartkäse. Es handelte sich vielmehr um Sauermilchprodukte, die einige Monate aufbewahrt werden konnten. Erst später wurde durch die kompliziertere Labkäserei der Hartkäse hergestellt, der auch den Transport über weite Strecken gut überstand. Mit dieser Technik ist auch der Beruf des Senn entstanden, ein Spezialist in Sachen Käseherstellung.

ALMEN – ALLES ANDERE ALS UNBERÜHRTE NATUR

Kühe auf der Seiser Alm in den Dolomiten, der größten Hochalm Europas

Wild sind die Berge nur dort, wo der Mensch sie nicht nutzen konnte. Weite Teile aber sind keine Natur-, sondern vom Menschen geschaffene Kulturlandschaften. Das gilt auch für die Alm oder Alp, auf der das Vieh der Bergbauern weidet. Dort wachsen zum Teil Pflanzen, die es unter natürlichen Bedingungen an diesen Stellen nicht gäbe: Kühe, Ziegen und Schafe sind wählerisch – was schmeckt, wird verspeist, alles andere bleibt stehen und kann daher blühen und gedeihen. Außerdem wird der Boden dort, wo Kühe leben, durch Kuhfladen gedüngt. Das wiederum fördert Gewächse, die sich auf stickstoffreichen Böden wohl fühlen. Der Mensch hat aber auch direkt in die Natur eingegriffen: Um möglichst viel Fläche als Weideland und das Holz nutzen zu können, wurden Bergwälder schon vor Jahrhunderten gerodet. Daher liegt die Waldgrenze oft viel niedriger, als unter natürlichen Umständen zu erwarten wäre.

Schon vor den Inka gab es bedeutende Kulturen in Südamerika. Die Inka aber, die auf das Wissen und die Techniken ihrer Vorgänger aufbauten, waren das kulturell herausragendste Volk der südamerikanischen Geschichte. Allein die Ausmaße des Inkareiches, das sie nach und nach von ihren Nachbarn eroberten, waren enorm: In seiner Blütezeit, um das Jahr 1500 nach Christus, erstreckte es sich vom Norden Ecuadors entlang der Anden bis nach Bolivien und Nordchile, von der Küste bis hoch in die entlegensten Gebirgsregionen. Den besiegten Völkern gegenüber zeigten sich die Inka in vielen Bereichen recht tolerant – sie integrierten die Menschen, nutzten ihre Kenntnisse und Fähigkeiten.

Wer waren die Inka?

Der Herrscher des Inkavolkes, oder auch einfach „der Inka", wurde als Sohn der Sonne angesehen und deshalb ähnlich wie die Sonne selbst verehrt. Aufgrund der Größe seines Reiches war er auf ein schnelles Nachrichtensystem angewiesen. Da die Inka weder Pferd noch Rad kannten, entwickelten sie ein System von Kurierposten entlang der Straßen: Eine wichtige Nachricht wurde einem schnellen Läufer mitgeteilt, der sofort zum nächsten Posten lief. Am Ziel angelangt, übergab er die Nachricht an einen ausgeruhten Kollegen, der sich ebenfalls schnellstmöglich zum nächsten Posten begab – ein Staffellauf mit Nachrichten also.

Aymara-Indianerin, Bolivien

Die Inka stellten Schmuck und andere Gegenstände aus Metall, Keramik und fein gewebten Stoffen her. Außerdem gab es gut funktionierende Bewässerungssysteme, sodass auch in kargen Gebieten noch Ackerbau betrieben werden konnte. Selbst in den höchsten Lagen legten die Inka noch Städte an. Die Hauptstadt und religiöser Mittelpunkt des Inkareiches war Cuzco. Erst durch die Ankunft der Spanier wurde die Herrschaft der Inka beendet und ihre Kultur so gut wie vernichtet. Einer der wichtigsten Gründe für den Feldzug der Eroberer waren Berichte über den sagenhaften Reichtum an Gold.

Typisch für Ackerbau in besonders steilen Gebieten – hier in Nepal – ist das stufenartige Anlegen von Terrassen.

NACHFAHREN DER INKA

Auch heute noch leben die Erben der Inka in den Anden, vor allem in Peru und Bolivien. Große indianische Volksgruppen sind zum Beispiel die Aymara und die Quechua. Quechua war Staatssprache des Inka-Reiches, beide Sprachen werden auch heute noch gesprochen. Besonders in den gebirgigen Regionen leben die indianischen Völker oft, ähnlich wie ihre Vorfahren, von Ackerbau und Viehzucht.

Eisenbahn im Gebirge

Gebirge haben für Eisenbahnen einen großen Nachteil: das starke Gefälle. Für steile Strecken eignen sich nur Zahnradbahnen, die sehr langsam sind. Damit die ersten Eisenbahnen Gebirge durchqueren konnten, benötigte man Tunnel: Kehrtunnel, um auf engem Raum mit einer Kurve durch den Berg an Höhe zu gewinnen, und lange Tunnel. Letztere spielen im Gebirge immer noch eine wichtige Rolle. Sie sind heute jedoch wesentlich länger als ihre Vorgänger und untertunneln ganze Gebirgsketten. Die Semmeringbahn war die erste Eisenbahn der Alpen. Ihr Bau begann 1854. Im Jahr 1869 wurde die Eisenbahnlinie fertiggestellt, die Amerikas Osten mit dem Westen verband und dafür die Rocky Mountains überqueren musste. Die höchste Eisenbahnlinie der Welt liegt in den Anden, in Peru. Sie überwindet eine Höhe von über 4800 Metern.

Rhätische Bahn, Schweiz

Hannibal

Eine legendäre Alpenüberquerung ist Hannibals Eroberungszug gegen die Römer. Hannibal war ein Feldherr der Karthager, die im 3. Jahrhundert vor Christus mit den Römern um die Vorherrschaft im Mittelmeerraum kämpften. Der Überraschungsangriff aus dem Norden sollte den Karthagern den Sieg sichern. Im Jahr 218 vor Christus überquerte Hannibal mit seinem Heer im Winter die Westalpen. Gesiegt haben letztlich aber die Römer.

Wie überqueren Menschen die Gebirge?

Schon immer überwanden Händler mit ihrer Ware, aber auch Eroberer mit ihren Streitkräften, die Gebirge auf oftmals beschwerlichen Wegen. Sie folgten, wenn möglich, den Tälern und überquerten, wenn nötig, hohe Gebirgskämme an ihrer niedrigsten passierbaren Stelle, den Pässen.

Die Alpenüberquerung Hannibals

Schon früh wurden Straßen aus Stein angelegt. Dafür bekannt waren zum Beispiel die Römer, die ihr riesiges Reich durch Straßen miteinander vernetzten – die Alpen eingeschlossen. Aber auch die Straßen der Inka in den Anden sind weltberühmt: Die beiden Hauptadern verliefen in Nord-Süd-Richtung, eine nahe der Küste, die andere hoch im Gebirge. Sie fügten Stein an Stein, meißelten Wege in die Felsen und spannten Hängebrücken über tiefe Täler. Die vielen Höhenmeter überwanden die Menschen nicht selten zu Fuß, mit Lastentieren oder Fuhrwerken.

Heute kann man viele Gebirge auch weniger schweißtreibend durchqueren: mit der Eisenbahn oder mit dem Auto. Noch immer führen viele Straßen in Serpentinen bis zu den Pässen hinauf und auf der anderen Seite wieder hinunter. Es wurden aber auch zahlreiche Tunnel konstruiert, die durch die Berge hindurch führen, und über Täler spannen sich oft riesige Brücken.

Wanderer überqueren eine Hängebrücke im Himalaja.

Wie leben die Menschen im Himalaja?

Fünf Länder teilen sich das höchste Gebirge der Welt, den Himalaja. Im Norden der Gebirgskette liegt das Hochland von Tibet, das im Durchschnitt über 4000 Meter hoch ist und zu China gehört. Auf der Südseite setzt sich der Himalaja aus Nepal, Bhutan sowie Teilen Indiens und Pakistans zusammen. Viele Menschen außerhalb der Städte leben von der Landwirtschaft. In den hohen Gebirgsregionen bestellen Bauern den kargen Boden mit Kartoffeln, Hirse, Gerste oder Buchweizen, halten Schafe, Ziegen und vor allem Yaks, mit denen sie in der warmen Jahreszeit auf die Hochweiden ziehen. Nomaden folgen, soweit sie nicht von Landesgrenzen behindert werden, ihren Yakherden von Weidegrund zu Weidegrund und schlagen im Sommer ihre Zelte sogar bis in Höhen von über 5000 Metern auf.

Seitdem die Bergwelt des Himalaja von der westlichen Welt als Reiseziel entdeckt wurde, ist auch der Tourismus eine lohnende Einnahmequelle. Viele Reisende fasziniert neben den höchsten Bergen der Welt besonders die fremde Kultur, die oft von der Abgeschiedenheit und religiösem Leben geprägt ist. Die vorrangigen Glaubensrichtungen im Himalaja sind Hinduismus, Buddhismus und Islam. Der gigantische Gebirgszug lockt außerdem Bergsteiger aus aller Welt. Sie alle benötigen Unterkünfte, Gipfeltouren werden organisiert und durchgeführt. Viele Einheimische verdienen sich ihr Geld als Bergführer oder Träger.

Sherpa

Weit verbreitet ist der Irrtum, dass das Wort „Sherpa" gleichzusetzen ist mit Bergführer oder Lastenträger. Die Sherpa sind eine der zahlreichen Bevölkerungsgruppen, die in der Bergwelt des Himalaja leben. Die ersten Himalaja-Expeditionen wurden von Sherpa als Träger begleitet und ein Teil von ihnen verdient sich auch heute ihr Geld bei Bergbesteigungen – doch keineswegs alle. Sherpa arbeiten ebenso als Lehrer, sind erfolgreich als Unternehmer oder gehen anderen Berufen nach.

Sherpa

Yaks

Yaks gehören zu den Rindern und werden schon seit Jahrhunderten im Himalaja als Haustiere gehalten. Sie stammen von dem mächtigeren, mittlerweile selten gewordenen Wildyak ab, das im tibetischen Hochland zwischen 4000 und 6000 Metern Höhe beheimatet ist. Auch das Leben der kleineren Hausyaks ist eng mit den kalten Gebirgsregionen verknüpft. Ihr langes Zottelfell und die dichte Unterwolle schützen die Tiere bestens vor Temperaturen weit unter 0°C. Warmes Tieflandklima hingegen vertragen die Wiederkäuer nicht gut. Seinen Besitzern liefert der Yak Milch und damit Yoghurt, Käse und Butter. Er dient als Last- und Zugtier und nach der Schur wird seine grobe Wolle zur Herstellung von Decken oder Stricken verwendet.

Yak-Karawane im Himalaya

Bergsteiger im Jahre 1959/60

Berge als Freizeitvergnügen

Seit wann fahren Leute zur Erholung ins Gebirge?

Ins Gebirge fahren zur Erholung? Einen Berg besteigen, nur um oben zu sein? So etwas konnten sich die Menschen lange Zeit nicht vorstellen. Gebirge waren bestenfalls Hindernisse, die es zu überwinden galt. Allerhöchstens betrachtete man sie mit Furcht, als Heimat von Ungeheuern und Fabelwesen oder in anderen Ländern der Erde als Wohnsitz von Göttern. Nichts sprach dafür, einen Gipfel zu erstürmen.

Doch dann wandelte sich das Bild. Schriftsteller beschrieben die Bergwelt der Alpen als schön, berauschend, anmutig. Die ersten neugierig gemachten Abenteurer erschienen vereinzelt ab der Mitte des 18. Jahrhunderts in den Alpen. Wirklich touristisch entdeckt wurde das Gebirge aber erst etwa 100 Jahre später. Belle-Époque wird diese Zeit auch genannt, in der vor allem die „Schönen und Reichen" in die Bergwelt pilgerten. Mehrere Wochen dauerten die Aufenthalte von Adligen und reichen Geschäftsleuten aus der Oberschicht, die vornehmlich in palastähnlichen Hotelbauten residierten. Später, vor allem nach den beiden Weltkriegen, begann die Zeit des Massentourismus, denn immer mehr Menschen konnten es sich leisten, ihren Urlaub in den Bergen zu verbringen. Zuerst zog es die Urlauber vor allem im Sommer ins Gebirge, später wurde durch den Skisport vor allem der Winter als Reisezeit attraktiv und zog die Massen an.

Welche Sportarten sind typisch für den Sommer?

Der Sommer ist im Gebirge die klassische Zeit für Wanderer und Bergsteiger. Die einen bevorzugen leichte Bergpfade, andere mögen auch Touren mit schwierigeren Passagen, die Schwindelfreiheit voraussetzen oder Kletterausrüstung erfordern. Wieder andere erklimmen beim Sport- oder Freiklettern steilste Felswände, wo-

Der DAV

Als das Interesse der Menschen am Gebirge Mitte des 19. Jahrhunderts schlagartig zunahm, wurden die ersten Alpenvereine gegründet. Vorreiter waren die Engländer, die 1857 „The Alpine Club" ins Leben riefen. Österreicher, Schweizer und Italiener folgten nach. Zuletzt entstanden 1869 der Deutsche Alpenverein (DAV) und 1874 der Club Alpine Français (CAF). Die Bergsteiger-Vereine halten Wanderwege und Schutzhütten instand, betreiben Berghütten und kümmern sich um Fragen des Naturschutzes.

bei Seil und andere technische Hilfsmittel nur der Sicherung dienen. Manche arbeiten sich beim Eisklettern gefrorene Passagen empor, verzichten beim „Free Solo“ auf Seil und Karabiner oder gehen beim Besteigen der 8000er an ihre Grenzen.

Daneben haben sich in den vergangenen Jahren auch noch einige andere Sommersportarten etabliert. Schon fast ein Veteran ist das Mountainbike, mit dem Radsportler unebene Gebirgswege in steilem Gelände bewältigen und selbst hoch gelegene Hütten ansteuern. Die Luftströmungen im Gebirge machen sich Drachen- und Gleitschirmflieger zunutze, wenn sie von großer Höhe in Richtung Tal schweben. Auch das Wasser wilder Gebirgsflüsse lässt sich sportlich nutzen, zum Beispiel beim Rafting mit Schlauchbooten oder mit dem Kanu. Kein Boot benötigen Leute beim Canyoning: Mit Neoprenanzug und Helm folgt man hierbei Wildbächen durch enge Schluchten.

Man sollte dabei aber immer das Wetter im Blick haben, denn bei einem Gewitter können sich harmlose Rinnsale schnell in reißende Fluten verwandeln.

Was darf bei einer Bergtour nicht fehlen?

Wer im Gebirge wandern will, braucht eine entsprechende Ausrüstung. Zunächst ein Blick auf die Bekleidung: Besonders wichtig ist das Schuhwerk. Die im Idealfall knöchelhohen Schuhe sollten fest sein und eine rutschfeste Sohle besitzen. Nur so haben die Füße selbst auf schmalen Gebirgspfaden oder Wegen durch Geröll optimalen Halt. Modische Schuhe mit glatter oder dünner Sohle sowie Sandalen sind für Bergtouren ungeeignet.

Auch wenn es zu Beginn der Wanderung kein bisschen nach Kälte, Wind und Regen aussieht, darf

Mountainbikerin in Italien

Rafting auf einem reißenden Gebirgsfluss

Kletterausrüstung

Schuhe:

Wer klettern will, braucht geeignete Schuhe. Je nach Vorhaben können das klettertaugliche Bergschuhe sein oder ganz spezielle Kletterschuhe mit unprofilierten Sohlen; oder die einen für den Weg zur Wand, die anderen zum Klettern.

Anseilgurt:

Anseil- oder Klettergurte dienen der Sicherheit im Fall eines Sturzes und sollten deshalb optimal passen. Es gibt sie als Hüftgurt, als Brustgurt und in kombinierter Form, als Kombigurt.

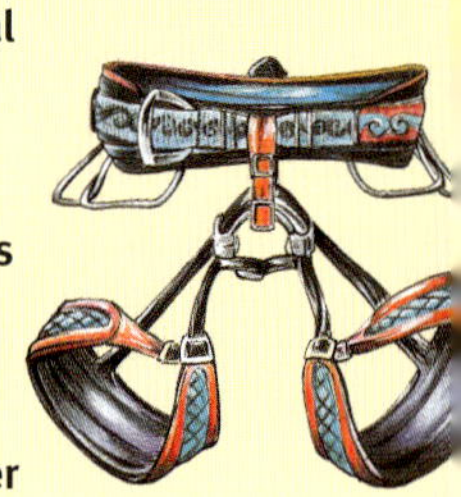

Seile:

Seile müssen das Gewicht eines Bergsteigers sogar bei einem Sturz halten. Deshalb haben Seile mehrere Eigenschaften zu erfüllen: Sie müssen reißfest, bis zu einem gewissen Grad dehnbar, außerdem gut knotbar und krangelfrei sein.

Karabiner und Sicherungsgeräte:

Karabiner lassen sich einhaken und verbinden zum Beispiel das Seil mit einem Klemmkeil oder Haken. Es gibt zum Beispiel Schnappkarabiner, die von alleine zuschnappen und schnell wieder aufgedrückt werden können, und Schraubkarabiner.

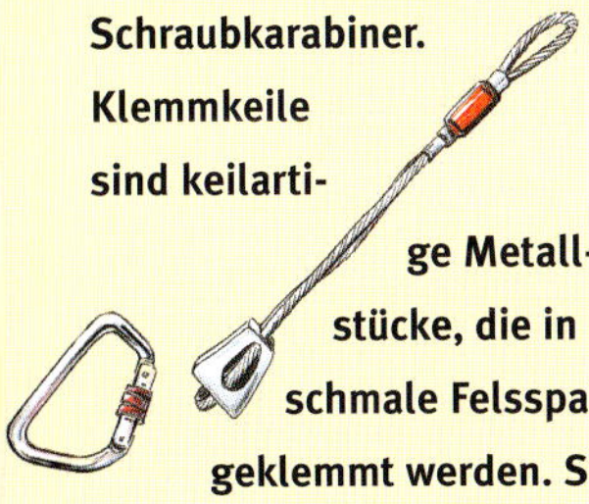

Klemmkeile sind keilartige Metallstücke, die in schmale Felsspalten geklemmt werden. Sie lassen sich kurzzeitig zum Sichern verwenden. Haken werden mit einem Felshammer ins Gestein getrieben.

Kletterrucksack: In einem Rucksack wird die Ausrüstung transportiert.

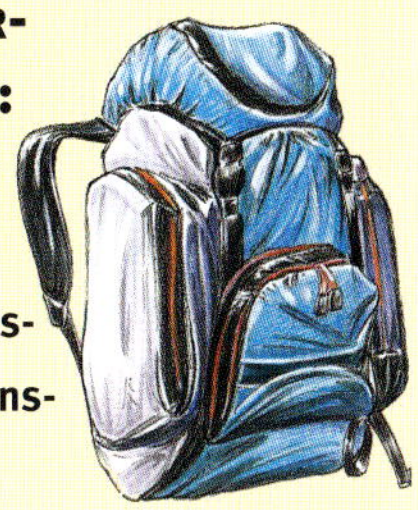

Helm: Steinschlag – ob natürlich oder durch vorauskletternde Bergsteiger verursacht – ist im Gebirge nicht selten. Ein Helm schützt vor herabfallenden Steinen und bei Stürzen.

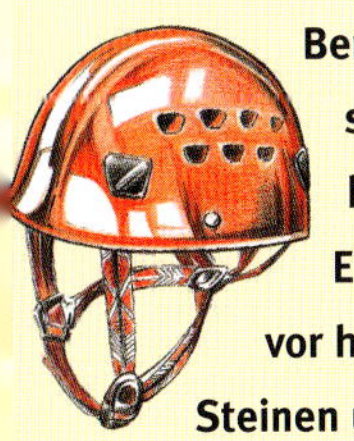

Bandschlingen und Reepschnüre: Sie sind universelle Helfer für zwischendurch. Sie können zum Beispiel als Verlängerung eines Karabiners dienen.

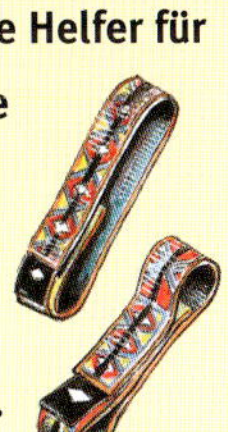

Regenbekleidung bei der Ausrüstung nicht fehlen. Das Wetter im Gebirge ist launisch; am gerade noch blauen Himmel können düstere Regenwolken entstehen. Deshalb gehört immer auch warme Kleidung in den Rucksack.

Auf keinen Fall fehlen darf der Sonnenschutz: Eine Sonnencreme schützt die Haut vor Sonnenbrand – was auch an bedeckten Tagen wichtig ist! Wer den Kopf der prallen Sonne aussetzt, riskiert einen Sonnenstich. Deshalb ist immer auch eine Kopfbedeckung ratsam, zum Beispiel eine Kappe, ein Hut oder ein Tuch.

Auch auf Pflaster und Verbandszeug sollten Wanderer nicht verzichten, denn schon eine Blase am Fuß kann den Spaß am Weitergehen trüben. Weil die Gebirgsluft relativ trocken und das Wandern oft anstrengend ist, verliert der Körper viel Flüssigkeit. Deshalb gehören auf jeden Fall durstlöschende Getränke wie Wasser oder Tee in ausreichenden Mengen ins Gepäck. Nicht zu vergessen: Für den nötigen Nachschub an Energie sorgt der Proviant, der bei einer Rast verzehrt werden kann.

Zur Orientierung ist eine Wanderkarte sinnvoll. Vielleicht nicht

Eisklettern mithilfe von Steigeisen und Eispickel

zwingend notwendig, aber manchmal ausgesprochen praktisch, sind zudem folgende Gegenstände: ein Taschenmesser, falls etwas zu schneiden ist, und ein Fernglas, falls ein Murmeltier, ein Steinadler oder eine Gämse den Weg kreuzt.

Welche Sportarten werden im Schnee betrieben?

Erst wenn Schnee die Landschaft überzieht, kommen Wintersportler zum Zug. Man unterscheidet dabei schon lange nicht mehr nur den Langlauf vom Alpinski. Schließlich gibt es neben Carving-Skiern und Snowboards auch Monoski, Big Foot und Co. Gefahren wird auf herkömmlichen Pisten, in speziell angelegten Fun Parks oder abseits der künstlichen Anlagen, querfeldein. Letzteres lief früher unter dem Begriff „Tiefschneefahren“ und wird heute oft als Freeriding bezeichnet.

Bergwanderer mit kompletter Übernachtungsausrüstung

Nicht jeder ist ein Fan von Skipisten und Liften: Für solche Skifahrer gibt es Tourenskier, mit denen man nicht nur bergab fahren, son-

Skier sind seit tausenden von Jahren bekannt.

dern auch aus eigener Kraft die Berge hinaufsteigen kann. Genau wie solche Tourengeher sind auch Schneeschuh-Läufer häufig auf dem Weg in entlegene und unerschlossene Gebiete. Ein Ski-Sport, der besonders in Kanada ausgeübt wird, ist das Heliskiing: Hoch geht es mit dem Hubschrauber, weit in die unberührte Bergwelt hinein, runter dann auf Skiern.

Ein Vergnügen, das schon ein kleiner Flachlandhügel bietet, ist das Schlittenfahren oder Rodeln. Je länger die Strecke, umso länger dauert der Spaß. In vielen Skiorten gibt es daher Rodelstrecken, die mit Liften zu erreichen sind und mehrere Kilometer lang sein können.

Seit wann gibt es Skier?

Die Skandinavier kennen Skier schon seit tausenden von Jahren. Sie nutzten die langen Bretter anfangs aber weniger zum Vergnügen, sondern um lange Strecken über verschneite Gebiete zurückzulegen. Erst später entdeckten die Menschen den Spaß am Skifahren. In den Alpen kam der Skisport erst im 19. Jahrhundert auf. Anfangs wurden Bergschuhe noch mit einer Bindung aus Lederriemen an den Skiern befestigt. Die Ferse war frei und die Skisportler fuhren mit einem tiefen Knicks um die Kurve. Dieser Skistil heißt Telemark und ist heute wieder im Kommen.

Erst später erfanden Tüftler feste Skistiefel und Bindungen, die sich bei einem Sturz lösen konnten. Anfangs noch ein Sport für Betuchte, entwickelte sich das Skifahren im 20. Jahrhundert zum Modesport der Massen. Seilbahnen, Schlepp- und Sessellifte erschlossen die Berge für Skibegeisterte. Skiorte wurden ausgebaut und sogar neu angelegt. Heute sind die traditionellen Skier weitestgehend vom wendigeren Carving-Ski oder vom Snowboard abgelöst.

Bis an die Grenzen

Edmund Hillary und Tenzing Norgay

Immer wieder haben Expeditionen versucht, den höchsten Berg der Welt, den Mount Everest, zu bezwingen – ohne Erfolg. Erst einer englischen Expedition unter Leitung von John Hunt gelang es: Die ersten, die ihre Füße am 29. Mai 1953 auf den Hauptgipfel des Mount Everest setzten, waren der Neuseeländer Edmund Hillary und der Sherpa Tenzing Norgay. Als erste Frau stand 1975 die Japanerin Junko Tabei zusammen mit dem Sherpa Sirdar Ang Tsering auf dem höchsten Punkt der Erde. Ein weltweit bekannter Bergspezialist ist der aus Südtirol stammende Reinhold Messner. Seit seiner Jugend mit dem Klettern vertraut, bestieg er immer höhere und schwierigere Berge, oft in extrem kurzer Zeit. Als Abenteurer versuchte Messner immer wieder das Unmögliche: Er bezwang 1975 mit Peter Habeler den Gasherbrum I im Alpinstil ohne Seil, 1978 den Mount Everest ohne künstlichen Sauerstoff und im gleichen Jahr den Nanga Parbat im Alleingang und ebenfalls ohne Höhenatemgerät. Außerdem ist es Messner als erstem Menschen gelungen, alle 14 Achttausender der Welt ohne künstlichen Sauerstoff zu besteigen.

Reinhold Messner

Elbrus, Europa, 5642 Meter

Montblanc, Europa, 4807 Meter

Carstensz, Ozeanien, 5030 Meter

Mount Everst, Asien, 8850 Meter

Denali, Nordamerika, 6194 Meter (auch als Mount McKinley bekannt)

Aconcagua, Südamerika, 6960 Meter

Kilimandscharo, Afrika, 5895 Meter

Mount Vinson, Antarktis, 5140 Meter

Achttausender

- Mount Everest (8850)
- K 2 (8611)
- Kanchenjunga (8598)
- Lhotse (8516)
- Makalu (8463)
- Dhaulagiri (8167)
- Manaslu (8156)
- Cho Oyu (8153)
- Nanga Parbat (8126)
- Annapurna (8091)
- Gasherbrum I (8068)
- Broad Peak (8047)
- Gasherbrum II (8035)
- Shisha Pangma (8012)

Seven Summits

Einen – oder sogar alle – 8000er der Welt zu besteigen, ist eine große Herausforderung für viele Bergsteiger. Ein besonderes Ziel ist es auch, jeweils den höchsten Berg der sieben Kontinente Europa, Nordamerika, Südamerika, Asien, Afrika, Ozeanien und Antarktis zu erklimmen – die so genannten „Seven Summits" (siehe Fotos). Über die Frage, wer der höchste Berg Europas ist, herrscht manchmal Uneinigkeit: der russische Elbrus auf der Grenze zwischen Europa und Asien oder der Montblanc in den Alpen. Aber im Allgemeinen wird dem Elbrus dieser Titel zugesprochen.

Wasser und Rohstoffe

Speichern Berge Wasser?

Süßwasser ist für uns alle lebenswichtig – vor allem als Trinkwasser. Aber auch zum Bewässern von trockenen Regionen, in der Industrie oder bei der Stromerzeugung durch Wasserkraft spielt es eine bedeutende Rolle. Ein großer Vorrat an Süßwasser befindet sich in Gebirgen in Form von Schnee und Eis. Vor allem die Gletscher sind riesige natürliche Süßwasserspeicher. Gletscher horten aber nicht nur Wasser, sie geben es auch zeitlich verzögert wieder ab: Im Winter wird neues Eis gebildet, in der warmen Jahreszeit taut vermehrt Eis ab. Damit speisen die Alpengletscher die Gebirgsflüsse auch im Sommer mit Süßwasser.

Die Flüsse der Alpen wiederum fließen ins Vorland und vereinigen sich dort mit großen Strömen. In den Alpen entspringen zum Beispiel Iller, Lech, Isar, Inn und Enns, die nördlich der Alpen in die Donau münden. Und auch der Rhein ist ein Kind der Alpen. Ganz besonders wichtig ist der Wassernachschub aus den Bergen aber für südliche Regionen mit warmem und trockenem Klima, die vor allem im Sommer mit Dürre zu kämpfen haben. Der Po in Italien erhält sein Wasser aus den Alpen und den Apenninen, und auch das Wasser der Rhône, die in Südfrankreich ins Mittelmeer mündet, stammt zu einem erheblichen Teil aus Gebirgsflüssen der Alpen.

Wie funktioniert ein Wasserkraftwerk?

Herabfließendes Wasser wird zur Stromerzeugung in Wasserwerken genutzt. An großen Flüssen werden daher oft Laufwasserkraftwerke betrieben, die die großen Mengen durchfließenden Wassers zur Stromerzeugung verwenden. Im Gebirge macht man sich häufig mithilfe von Stauseen die großen Höhenunterschiede zunutze: Zunächst werden durch mächtige Staumauern Seen aufgestaut, in denen sich das Wasser der Gebirgsflüsse und Schmelzwasser sammelt. Dieses Wasser wird dann dem Gefälle folgend durch Druckrohrleitungen bergab geleitet und treibt am unteren Ende Turbinen an, die wiederum

Stromerzeugung: Wasser aus einem Stausee im Gebirge fällt aus großer Höhe auf eine Peltonturbine (vergrößert herausgezeichnet).

über einen Generator in einem Kraftwerk Elektrizität erzeugen. Die Stauseen dienen also praktisch als Wasser- und damit Energiespeicher; die Kraftwerke heißen entsprechend Speicherkraftwerke.

Ein Pumpspeicherkraftwerk profitiert zudem von überschüssiger Energie: In Zeiten, in denen weniger Strom verbraucht als produziert wird, pumpen diese Kraftwerke Wasser in ein hoch gelegenes Speicherbecken. So wird ein Wasserspeicher aufgefüllt und steht für Zeiten mit hohem Verbrauch zur Verfügung.

Der Grimselstausee in der Schweiz

Obwohl die Wasserkraft zu den erneuerbaren Energien gehört, hat auch sie Nachteile. Wird zum Beispiel ein Speichersee angelegt, überflutet das gespeicherte Wasser das Tal und alles, was dort wächst und lebt, muss weichen. Außerdem wird teilweise Wasser aus Flüssen in Stauseen übergeleitet, sodass die Flüsse selbst häufig kaum noch Wasser führen; ebenso wird der Abfluss nach dem Stausee verändert. Das beeinträchtigt das Leben im Wasser selbst. Ein Streitpunkt zwischen Naturschutz und Stromkonzernen ist etwa die Frage, wie viel Restwasser in den Flüssen verbleiben muss.

Welche Rohstoffe liefern Berge?

Seit jeher nutzen Menschen die Rohstoffe der Erde, von denen sie manche auch oder vor allem im Gebirge finden. Sie verwenden das Gestein als Baustoff, finden Metalle in Reinform oder als Erze und bauen Steinsalz oder Kohle ab. Manchmal befinden sich die Rohstoffe nahe der Oberfläche und können im Tagebau abgebaut werden. Oft liegen sie aber auch tief in der Erdkruste versteckt und sind nur über lange Stollen erreichbar. Welche Bodenschätze sich unter der Erde verbergen, ist ganz unterschiedlich: In den Anden gibt es, ähnlich wie in den Rocky Mountains, Kupfer, Blei und Zink; in den bolivianischen Anden auch Zinn. In beiden Gebirgen finden sich auch Silber und Gold: Die Goldschätze der Inka waren legendär. Ärmer an Metallen, dafür reich an Steinkohle sind wiederum die Appalachen im Osten Nordamerikas.

Vergleichsweise wenig Bodenschätze gibt es dagegen in den Alpen. Doch auch hier enthalten manche Lagerstätten Blei- und Eisenerz. In der ersten Zeit der Besiedlung suchten die Menschen in den Alpen vor allem nach Kupfer, später fanden sie sogar Gold und Silber. Viele dieser Lagerstätten sind heute jedoch längst erschöpft. Ein wichtiger Rohstoff der Alpen war und ist aber kein Metall – es ist das Salz. Bedeutende Salzstädte Österreichs sind etwa Hallstatt und die mittlerweile stillgelegte Saline Hallein. Auch im bayerischen Bad Reichenhall bei Berchtesgaden wird Salz gewonnen.

Holz aus Bergwäldern

Salzabbau in einem Salzbergwerk

Holz

Bergwälder liefern Holz, das als Baumaterial, Energielieferant oder Grundstoff für die Industrie dient. Werden dafür große Flächen kahl geschlagen, kann sich der fehlende Schutz fatal auswirken. Eine schonende, naturnahe Nutzung ist dagegen oftmals besser als gar keine, denn sie kann die Stabilität von Wäldern sogar fördern. Das ist zum Beispiel bei artenarmen Fichtenwäldern in den Alpen der Fall.

Steine

Stein wird als Baustoff zum Beispiel für die Konstruktion von Häusern, Straßen oder beim Gleisbau benutzt. Kalkstein etwa kann außerdem zu Zement oder Düngemitteln verarbeitet werden, Dolomit wird auch bei der Herstellung von Glas verwendet. Besonders hartes Gestein wird nicht selten zu Eisenbahnschotter oder Splitt zerbrochen.

Abbau von Dolomit-Marmor in einem Bergwerk

Salz

Salz war früher einmal ein teures Handelsgut. Auch wenn es im Gebirge oder im Flachland abgebaut wird, ist es ursprünglich immer ein Produkt des Meeres. Bei der Entstehung eines Gebirges werden Salzablagerungen dann mit den Gesteinsschichten verschoben, gefaltet und überdeckt. Oft ist das Salz nicht rein, sondern zum Beispiel mit Ton vermischt. Es wird dann mithilfe von Wasser gelöst, sodass eine stark salzhaltige Lösung, die Sole, entsteht. Die Flüssigkeit wird später wieder verdampft und das Salz bleibt übrig.

Fossile Brennstoffe

Erdöl und Erdgas sind vor langer Zeit aus Überresten von Algen und Mikroorganismen entstanden, die sich am Meeresboden abgelagert haben. Durch weitere Umwandlung bildet sich daraus mit der Zeit Erdöl oder Erdgas.

Kohle ist ein pflanzliches, organisches Produkt, das dann entsteht, wenn Pflanzenreste nicht vollständig verrotten. Zuerst bilden sich lockere Torfschichten, die mit der Zeit zusammengepresst und chemisch verändert werden. Zunächst entsteht dann Braunkohle, später unter Umständen unter hohem Druck auch Steinkohle oder Anthrazit.

Metalle

Viele Metalle werden als Erze in Rissen und Spalten des Gesteins abgelagert. Solche Erzminerale entstehen, wenn metallische Elemente wie Eisen, Kupfer, Blei oder Zinn mit Schwefel, Sauerstoff oder Siliciumdioxid reagieren. Schon in vorgeschichtlicher Zeit war Kupfer ein begehrtes Metall, da es weich und leicht zu bearbeiten ist. Es trat anstelle der steinernen Äxte und Beile und gab der Kupferzeit ihren Namen. Heute wird Kupfer beispielsweise für Drähte und Kabel verwendet. Eines der am weitesten verbreiteten Metalle unserer Zeit ist das Eisen. Es wird in Hochöfen geschmolzen und durch Zusatz von weiteren Stoffen zu Stahl mit unterschiedlichsten Eigenschaften verarbeitet.

Edelmetalle

Der Silberberg von Potosí, einer Bergwerksstadt in 4070 Metern Höhe, ist eine der bekanntesten Silberfundstätten in den

Steinkohle-abbau

Goldmine in den Anden, Bolivien

Eisenmine in Australien

Anden. Er ist ein trauriges Beispiel dafür, wie die neuen Kolonialherren nach der Eroberung Südamerikas die einheimischen Menschen ausbeuteten. Viele Andenindianer wurden unter schlechtesten Bedingungen zum Arbeiten in den Silberminen gezwungen, die lange Zeit die ertragreichsten weltweit waren.
In Nordamerika verfielen zahlreiche Menschen im 19 Jahrhundert dem Goldrausch. Massen von Goldsuchern versuchten in dieser Zeit ihr Glück zu machen. Goldgräbersiedlungen entstanden selbst in über 3 000 Metern Höhe.

MINERALIEN

Der häufigste in den Alpen zu findende Kristall ist der Bergkristall. Er ist glasklar und besteht aus reinem Quarz. Die farblosen Kristalle können extrem groß werden – Rekorde liegen bei mehreren Metern. Daneben gibt es aber auch farbige Quarzkristalle, zum Beispiel rosafarbenen Rosenquarz, zitronengelben Zitrin, violetten Amethyst, den vor allem im Hochgebirge vorkommenden braunen Rauchquarz oder den ebenfalls sehr dunklen Morion. Die Farben sind damit zu erklären, dass die Kristalle auch andere Elemente enthalten oder Strahlung ausgesetzt waren. Quarz selbst ist ein extrem häufiges Mineral: Sand etwa besteht zum Großteil aus Quarz.

Blauer Bergkristall

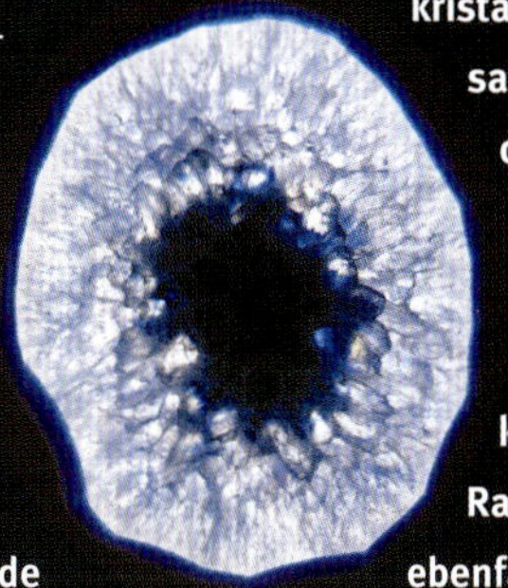

Schutz der Berge

Nationalparks – hier in der Schweiz – sollen die schützenswerte Bergwelt erhalten.

Naturschutz

In unserer heutigen Welt sind die einsamen und ungestörten Regionen der Gebirge für viele Tiere ein letztes Rückzugsgebiet und Lebensraum typischer Gebirgspflanzen. Ein guter Grund, sie unter Schutz zu stellen. Dazu gibt es verschiedene Varianten: Die eine Möglichkeit ist, die geschützten Regionen sich selbst zu überlassen – also ein Stück echte Wildnis zu erhalten. Besonders in der weiten, unberührten Bergwelt Nordamerikas, wo diese Idee entstand, ist das gut machbar. Dort, wo der Mensch seit jeher die Berge nutzt, kann Naturschutz aber auch bedeuten, dass die traditionelle Almwirtschaft unterstützt und weitergeführt wird. Außerdem sind die Berge auch Lebensraum von Menschen und ein wichtiger Wirtschaftsfaktor ist heute oft der Tourismus. Der gesamte Alpenraum stellt daher ein Mosaik aus Gebieten mit unterschiedlich starkem Schutzstatus dar: Es reicht von großen Nationalparks mit unberührten Kernzonen bis hin zu kleineren, auch oder vor allem der Erholung dienenden Naturparks. Der erste Nationalpark der Alpen wurde schon 1914 in der Schweiz ins Leben gerufen und gehört heute zum Schweizer Nationalpark. Als zweiter folgte 1922 der Nationalpark Gran Paradiso in Italien. Der einzige Alpen-Nationalpark Deutschlands ist der Nationalpark Berchtesgaden. In Österreich befindet sich unter anderem der große Nationalpark Hohe Tauern.

CIPRA

In der CIPRA, der Internationalen Alpenschutzkommission, haben sich die Alpenländer Österreich, Schweiz, Frankreich, Deutschland, Italien, Slowenien, Monaco und Liechtenstein zusammengeschlossen. Dahinter steckt die Idee, dass nicht jeder Alpenstaat für sich spricht, sondern „die Alpen“ als Ganzes, mit ihren ganz speziellen Problemen, in Europa gemeinsam auftreten. Um die Alpen als Lebens- und Wirtschaftsraum gleichermaßen zu schützen, haben sich diese Länder außerdem im Jahre 1991 zusammen mit der EU in der Alpenkonvention vertraglich auf eine umweltschonende Nutzung der Bergwelt geeinigt.

Nationalpark Gran Paradiso

Nationalpark Berchtesgaden

Die internationale Organisation Mountain Wilderness setzt sich für den Schutz von Gebirgsräumen auf der ganzen Welt ein; hier eineProtestaktion 2004.

Dort, wo Wintersport betrieben wird, haben es viele Tiere nicht leicht.

Wintersport

Aufgeschreckt von Tourengehern, Schneeschuhläufern und Tiefschneefahrern suchen Schneehuhn, Gämse und andere Gebirgstiere oft ihr Heil in der Flucht – und verbrauchen so die dringend für den Winter benötigten Energiereserven. Ungemütlich haben es auch viele Gebirgspflanzen auf Skipisten. Liegt zu wenig Schnee, schrammen Wintersportler auf Skiern oder Snowboards direkt über den Boden hinweg; das Planieren von Pisten zerstört die Pflanzendecke und dichter, relativ luftundurchlässiger Kunstschnee, der im Frühjahr lange liegen bleibt, tut sein Übriges. Auf vielen Skipisten ist daher die Artenvielfalt geringer als auf benachbarten Flächen.

Auch Sommertouristen gefährden die Bergwelt:

Sommersport

Immer wieder gibt es Mountainbiker, die abseits der Wege querfeldein fahren und Wanderer, die Wege abkürzen. An solchen Stellen geht oftmals die Grasnabe kaputt und es entstehen Angriffspunkte für die Erosion. Außerdem werden dabei oft Tiere in ihren Rückzugsgebieten gestört. Und auch Drachenflieger, die zu dicht über Hänge fliegen, können Tiere verschrecken.

Der Bergwald hat besonders als Schutzwald eine große Bedeutung:

Bergwald

Oft kann er Lawinen verhindern, und die Bäume halten mit ihren Wurzeln den Boden zusammen. Außerdem regulieren Wälder den Wasserhaushalt: Niederschlagswasser wird zurückgehalten, verdunstet oder versickert, anstatt einfach an der Bodenoberfläche abzufließen. Wo Bergwälder aus wirtschaftlichen Gründen gerodet werden, geht dieser natürliche

Abgeholzter Bergwald

Schutz verloren. Geschwächt oder geschädigt werden die Bäume der Bergwälder in manchen Regionen auch durch Luftverschmutzung oder zu viel Wild. In den Alpen hat man schon früh die wichtige Rolle des Waldes erkannt. Die ersten Schutzbemühungen gab es schon im Mittelalter. Im Himalaja wirkt sich der Verlust großer Waldflächen nicht nur auf die Bergbevölkerung, sondern auch auf die Bewohner im Tiefland von Indien, Bangladesch und Pakistan aus. Hier kommt es an den großen Flüssen immer häufiger zu starken Überschwemmungen.

Die traditionelle Bewirtschaftung der Almen hat heute einen schweren Stand.

Bergbauern

Außerdem ist die Arbeit mühsam. Mit dem Viehauftrieb alleine ist es nicht getan, die Almen brauchen Pflege: Offene Stellen müssen eingesät, Steine entfernt, Wildbäche gesäubert, Entwässerungsgräben kontrolliert werden. Viele Bergbauern stellen daher die Bewirtschaftung lieber ein. Entfällt die Pflege, entstehen zunächst Brachen, auf denen sich je nach Höhenlage Gebüsche, Bäume oder Naturrasen ansiedeln. Es kann aber auch zu so genannten Blaiken kommen: Dabei rutscht die obere Erdschicht ab und es entstehen pflanzenfreie Flächen. Manche Bergbauern geben die Bewirtschaftung nicht auf, sie intensivieren sie und versuchen sie dadurch rentabler zu machen. Das geschieht beispielsweise durch möglichst viel Vieh, wobei Hochleistungstiere oft den traditionellen Rassen vorgezogen werden. Zu viele und zu schwere Kühe, die auf einer zu kleinen Fläche weiden, sind aber ebenfalls schädlich für die Pflanzendecke.

Bergbauernhaus in den Schweizer Alpen

Lärm und Schadstoffe sind die zwei unangenehmsten Auswirkungen des Verkehrs.

Verkehr

In den Bergen verstärkt sich das sogar noch: Die Verkehrsgeräusche, die in ebenen Flächen relativ schnell gedämpft werden, sind im Gebirge oft noch in großen Höhen laut hörbar. Herrscht zudem Inversionswetterlage, tauscht sich die Luft kaum aus und ein Großteil der Schadstoffe bleibt im unteren Talbereich wie unter einem Deckel hängen. Einen Teil des Verkehrs verursachen die Alpenbewohner selbst. Probleme entstehen aber auch durch den Gütertransport mit LKW quer durch die Alpen und durch die Vielzahl von Touristen, die mit Autos an-, ab- oder durchreisen.

Hohes Verkehrsaufkommen am Pordoi-Pass in den Dolomiten

Rettung im Gebirge

Wenn Menschen im Gebirge verunglücken, sei es beim Skifahren, Wandern oder Klettern, kommen rettende Helfer zum Einsatz. Im deutschen Alpenraum übernehmen vor allem Ehrenamtliche der Bergwacht diese Aufgabe. Neben der Bergrettung kümmert sich die Bergwacht auch noch um Fragen des Naturschutzes. In Österreich ist vor allem die Bergrettung auf die Bergung Verletzter im Gebirge spezialisiert, in der Schweiz sind es zum Beispiel die Rettungskommission des Schweizer Alpenclubs, die Schweizerische Rettungsflugwacht oder die Kantonale Walliser Rettungorganisation. Oft müssen bei Rettungseinsätzen Hubschrauber eingesetzt werden, mit denen Verletzte auch in schwer zugänglichen Regionen geborgen werden können.

Männer der Bergwacht suchen nach einer Lawine auf der Zugspitze am 11.1.2000 mit Sonden nach Verschütteten.

Werden Menschen von Lawinen verschüttet, kommen trotz moderner Technik auch heute noch Spürhunde zum Einsatz. Schon im 17. Jahrhundert wurden Bernhardiner von Schweizer Mönchen am Großen St. Bernhard nicht nur als Wachhunde und für den Transport genutzt, sondern auch als Such- und Rettungshunde. Der Bernhardiner „Barry" etwa soll von 1800 bis 1812 über 40 Menschen das Leben gerettet haben. Heute werden Lawinenhunde für ihren Einsatz im Schnee speziell ausgebildet. Geeignete Hunderassen sind zum Beispiel Labrador, Golden Retriever oder Deutscher Schäferhund. Der mittlerweile relativ schweren Bernhardiner-Rasse wird diese Aufgabe heutzutage dagegen eher selten übertragen.

Angehörige der Allgäuer Bergwacht üben die Bergung eines Verletzten mit einem Rettungsschlitten.

Index

Die Reihe wird fortgesetzt.